工业机器人编程与操作

主　编　邹火军　杨杰忠　刘　伟

副主编　陈令平　李　胡　甘梓坚

参　编　潘协龙　冯世鑫　关文涛　李仁芝

周立刚　余英旺　吴　昭　邓明才

覃克杰　廖天碑

電子工業出版社

Publishing House of Electronics Industry

北京・BEIJING

内 容 简 介

本书分为两大模块：工业机器人基础知识、工业机器人示教编程与操作。每个模块以任务驱动教学法为主线，以应用为目的，以具体的任务为载体，主要任务有：认识工业机器人，工业机器人的机械结构和运动控制，工业机器人工具坐标系的标定与测试，工业机器人运动轨迹的编程与操作，工业机器人检测排列单元的编程与操作，工业机器人水平搬运单元的编程与操作，工业机器人零件码垛单元的编程与操作，工业机器人工件装配单元的编程与操作，工业机器人车窗涂胶单元的编程与操作。

本书可作为技工院校、技师学院工业机器人应用与维护专业教材，中等职业学校机电技术应用专业和高等职业院校机电一体化专业教材，也可作为电气设备安装与维修和机电设备安装与维修岗位培训教材。

图书在版编目（CIP）数据

工业机器人编程与操作 / 邹火军，杨杰忠，刘伟主编. —北京：电子工业出版社，2018.7

ISBN 978-7-121-32265-5

Ⅰ. ①工… Ⅱ. ①邹… ②杨… ③刘… Ⅲ. ①工业机器人—程序设计 Ⅳ. ①TP242.2

中国版本图书馆 CIP 数据核字（2017）第 174075 号

策划编辑：张 凌
责任编辑：张 凌
印 刷：涿州市京南印刷厂
装 订：涿州市京南印刷厂
出版发行：电子工业出版社
北京市海淀区万寿路 173 信箱 邮编 100036
开 本：787×1 092 1/16 印张：10.75 字数：275.2 千字
版 次：2018 年 7 月第 1 版
印 次：2025 年 2 月第 16 次印刷
定 价：28.00 元

凡所购买电子工业出版社图书有缺损问题，请向购买书店调换。若书店售缺，请与本社发行部联系，联系及邮购电话：（010）88254888，88258888。

质量投诉请发邮件至zlts@phei.com.cn，盗版侵权举报请发邮件至dbqq@phei.com.cn。

本书咨询联系方式：（010）88254583，zling@phei.com.cn。

序　　言

“十三五”期间，以“工业 4.0”为背景，紧跟“中国制造 2025”发展战略，加速转变生产方式，调整产业结构，将是我国国民经济和社会发展的重中之重。而要完成这种转变和调整，就必须有一大批高素质的技能型人才作为坚实的后盾。根据《国家中长期人才发展规划纲要（2010—2020 年）》的要求，至 2020 年，我国高技能人才占技能劳动者的比例将由 2008 年的 24.4%上升到 28%（目前一些经济发达国家的这个比例已达 40%）。可以预见，作为高技能人才培养重要组成部分的高级技工教育，在未来的 10 年必将会迎来一个高速发展的黄金期。近几年来，各职业院校都在积极开展工业机器人应用与维护高级工培养的试点工作，并取得了较好的成果。但由于起步较晚，我国的课程体系、教学模式都还有待完善和提高，教材建设也相对滞后，至今还没有一套适合高级技工教育快速发展需要的，成体系、高质量的教材。即使有工业机器人应用与维护高级工教材，也不是很完善，或是内容陈旧、实用性不强，或是形式单一、无法突出高技能人才培养的特色，更没有形成合理的体系。因此，开发一套体系完整、特色鲜明、适合理论实践一体化教学、反映企业最新技术与工艺的工业机器人应用与维护高级工教材，就成为高级技工教育亟待解决的课题。

鉴于工业机器人应用与维护高级技工短缺的现状，广东三向教学仪器设备有限公司、广西机电技师学院与电子工业出版社从 2012 年 6 月开始，组织相关人员采用走访、问卷调查、座谈会等方式，到全国具有代表性的机电行业企业、部分省市的职业院校进行了调研，对目前企业对工业机器人应用与维护高级工的知识、技能要求，学校工业机器人应用与维护高级工教育教学现状、教学和课程改革情况，以及对教材的需求等有了比较清晰的认识。在此基础上，紧紧依托行业优势，以为企业输送满足其岗位需求的合格人才为最终目标，组织了行业和技能教育方面的专家对编写内容、编写模式等进行了深入探讨，形成了本教材的编写框架。

本教材的编写指导思想明确，坚持以达到国家职业技能鉴定标准和就业能力为目标，以专业（工种）的工作内容为主线，以工作任务为引领，由浅入深，循序渐进，精简理论，突出核心技能与实操能力，使理论与实践融为一体，充分体现“教”“学”“做”合一的教学思想，致力于构建符合当前教学改革方向的，以培养应用型、技术型和创新型人才为目标的教材体系。

本教材重点突出三个特色：一是“新”字当头，即体系新、模式新、内容新。体系新是把教材以学科体系为主转变为以专业技术体系为主；模式新是把教材传统章节模式转变为以工作过程的项目任务为主；内容新是教材充分反映了新材料、新工艺、新技术、新方法等“四新”知识。二是注重科学性。教材从体系、模式到内容符合教学规律，符合国内外制造技术水平的实际情况。在具体任务和实例的选取上，突出先进性、实用性和典型性，便于组织教学，以提高学生的学习效率。三是体现普适性。由于当前工业机器人应用与维护高级工生源既有中职毕业生，又有高中生，各自学制也不同，还要考虑到在职员工，因此在教材内容安排上尽量照顾到了不同的求学者，适用面比较广泛。

我相信，本教材的出版，对深化职业技术教育改革，提高工业机器人应用与维护高级工培养的质量，都会起到积极的作用。在此，我谨向各位作者和为这套教材出力的学者和单位表示衷心的感谢。

向金林

前　　言

为贯彻全国职业院校坚持以就业为导向的办学方针，实现以课程对接岗位、教材对接技能的目的，更好地适应“工学结合、任务驱动模式”教学的要求，满足项目教学法的需要，特编写此书。本书依据国家职业标准编写，各个知识点和操作技能都以任务的形式出现。本书精心选择教学内容，对专业技术理论及相关知识不追求面面俱到，也不过分强调学科的理论性、系统性和完整性，但力求涵盖国家职业标准中必须掌握的知识和具备的技能。

本书分为两大模块：工业机器人基础知识和工业机器人示教编程与操作。每个模块以任务驱动教学法为主线，以应用为目的，以具体的任务为载体，主要任务有：认识工业机器人，工业机器人的机械结构和运动控制，工业机器人工具坐标系的标定与测试，工业机器人运动轨迹的编程与操作，工业机器人检测排列单元的编程与操作，工业机器人水平搬运单元的编程与操作，工业机器人零件码垛单元的编程与操作，工业机器人工件装配单元的编程与操作，工业机器人车窗涂胶单元的编程与操作。在任务的选择上，以典型的工作任务为载体，坚持以能力为本位，重视实践能力的培养；在内容的组织上，整合相应的知识和技能，实现理论和操作的统一，有利于实现“理实一体化”教学，充分体现了认知规律。

本书是在充分吸收国内外职业教育先进理念的基础上，总结了众多学校一体化教学改革的经验，集众多一线教师多年的教学经验和企业实践专家的智慧完成的。在编写过程中，力求实现内容通俗易懂，既方便教师教学，又方便学生自学。特别是在操作技能部分，图文并茂，侧重于对程序设计、电路安装、通电试车过程和故障检修内容的细化，以提高学生在实际工作中分析和解决问题的能力，实现职业教育与社会生产实际的紧密结合。

本书在编写过程中得到了广西机电技师学院、广东机械技师学院、广东三向教学仪器制造有限公司、广西柳州钢铁集团、上汽通用五菱汽车有限公司、柳州九鼎机电科技有限公司的同行们的大力支持，在此一并表示感谢。

由于编者水平有限，书中若有错漏和不妥之处，恳请读者批评指正。

编　者

目　　录

模块一　工业机器人基础知识……1
任务 1　认识工业机器人……1
任务 2　工业机器人的机械结构和运动控制……16
模块二　工业机器人示教编程与操作……44
任务 1　工业机器人工具坐标系的标定与测试……44
任务 2　工业机器人运动轨迹的编程与操作……57
任务 3　工业机器人检测排列单元的编程与操作……90
任务 4　工业机器人水平搬运单元的编程与操作……102
任务 5　工业机器人零件码垛单元的编程与操作……113
任务 6　工业机器人工件装配单元的编程与操作……131
任务 7　工业机器人车窗涂胶单元的编程与操作……141
附录　ABB 机器人实际应用中的指令说明……153

模块一 工业机器人基础知识

任务1　认识工业机器人

学习目标

✧ 知识目标

1. 掌握工业机器人的定义。
2. 熟悉工业机器人的常见分类及其行业应用。
3. 了解工业机器人的发展现状和趋势。

✧ 能力目标

1. 能结合工厂自动化生产线说出搬运机器人、码垛机器人、装配机器人、涂装机器人和焊接机器人的应用场合。
2. 能进行简单的工业机器人操作。

工作任务

机器人技术是综合了计算机、控制论、机构学、信息和传感技术、人工智能、仿生学等多种学科而形成的高新技术，是当代备受研究关注、应用日益广泛的领域。机器人的应用情况是反映一个国家工业自动化水平的重要标志。本次任务的主要内容就是了解工业机器人的现状和发展趋势；通过现场参观，认识工业机器人相关企业；现场观摩或在技术人员的指导下操作工业机器人，了解其基本组成。

相关知识

一、工业机器人的定义及特点

1．工业机器人的定义

国际上对机器人的定义有很多。

美国机器人协会（RIA）将工业机器人定义为：“工业机器人是用来进行搬运材料、零部件、工具等可再编程的多功能机械手，或通过不同程序的调用来完成各种工作任务的特种装置。”

日本工业机器人协会（JIRA）将工业机器人定义为：“工业机器人是一种有记忆装置和末

端执行器的装备，能够转动并通过自动完成各种移动来代替人类劳动的通用机器。”

在我国 1989 年的国标草案中，工业机器人被定义为：“一种自动定位控制，可重复编程、多功能的、多自由度的操作机”。操作机被定义为：“具有和人手臂相似的动作功能，可在空间抓取物体或进行其他操作的机械装置。”

国际标准化组织（ISO）曾于 1984 年将工业机器人定义为：“机器人是一种自动的、位置可控的、具有编程能力的多功能机械手，这种机械手具有几个轴，能够借助可编程的操作来处理各种材料、零件、工具和专用装置，以执行各种任务。”

2．工业机器人的特点

（1）可编程

生产自动化的进一步发展是柔性自动化。工业机器人可随其工作环境变化的需要而再编程，因此它在小批量、多品种具有均衡高效率的柔性制造过程中能发挥很好的功用，是柔性制造系统中的一个重要组成部分。

（2）拟人化

工业机器人在机械结构上有类似人的行走、转腰、大臂、小臂、手腕、手爪等部分，在控制上有计算机。此外，智能化工业机器人还有许多类似人类的“生物传感器”，如皮肤型接触传感器、力传感器、负载传感器、视觉传感器、声觉传感器、语音功能传感器等。

（3）通用性

除了专门设计的专用工业机器人外，一般机器人在执行不同的作业任务时具有较好的通用性。例如，更换工业机器人手部末端执行器（手爪、工具等）便可执行不同的作业任务。

（4）机电一体化

第三代智能机器人不仅具有获取外部环境信息的各种传感器，而且还具有记忆能力、语言理解能力、图像识别能力、推理判断能力等人工智能，这些都是微电子技术的应用，特别是与计算机技术的应用密切相关。工业机器人与自动化成套技术，集中并融合了多项学科，涉及多项技术领域，包括工业机器人控制技术、机器人动力学及仿真、机器人构建有限元分析、激光加工技术、模块化程序设计、智能测量、建模加工一体化、工厂自动化及精细物流等先进制造技术，技术综合性强。

二、工业机器人的历史和发展趋势

1．工业机器人的诞生

“机器人”（Robot）这一术语是 1921 年捷克著名剧作家、科幻文学家、童话寓言家卡雷尔·恰佩克首创的，它成了“机器人”一词的起源，此后一直沿用至今。不过，人类对于机器人的梦想却已延续数千年之久。如古希腊古罗马神话中冶炼之神用黄金打造的机械仆人、希腊神话《阿鲁哥探险船》中的青铜巨人泰洛斯、犹太传说中的泥土巨人、我国西周时代能歌善舞的木偶“倡者”和三国时期诸葛亮的“木牛流马”传说等。而到了现代，人类对于机器人的向往，从机器人频繁出现在科幻小说和电影中已不难看出，科技的进步让机器人不仅停留在科幻故事里，它正一步步“潜入”人类生活的方方面面。1959 年，美国发明家伯格与德沃尔制造了世界上第一台工业机器人 Unimate，这个外形类似坦克炮塔的机器人可实现回转、伸缩、俯仰等动作，如图 1-1-1 所示。它是现代机器人的开端。之后，不同功能的工业

机器人也相继出现并且活跃在不同的领域。

2．工业机器人的发展现状

机器人技术作为20世纪人类最伟大的发明之一，自60年代初问世以来，从简单机器人到智能机器人，机器人技术的发展已取得长足进步。从近几年推出的产品来看，工业机器人技术正向智能化、模块化和系统化方向发展，其发展趋势主要为：结构的模块化和可重构化；控制技术的开放化、PC化和网络化；伺服驱动技术的数字化和分散化；多传感器融合技术的实用化；工作环境设计的优化和作业的柔性化等。

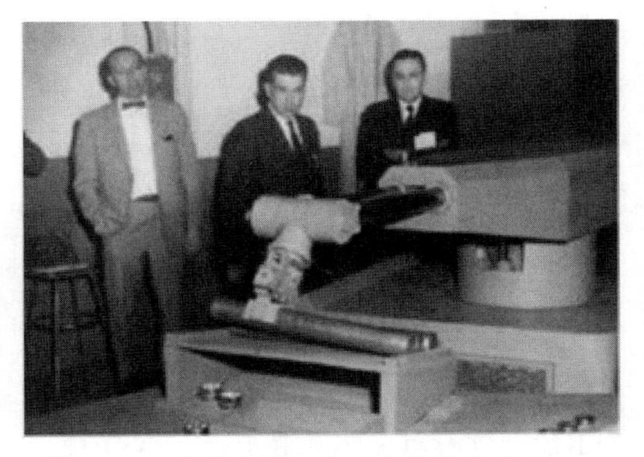

图1-1-1　世界上第一台工业机器人Unimate

2005年，日本YASKAWA推出能够从事此前由人类完成组装及搬运作业的产业机器人MOTOMAN-DA20和MOTOMAN-IA20，如图1-1-2所示。DA20是一款在仿造人类上半身的构造物上配备2个6轴驱动臂型的“双臂”机器人。上半身构造物本身也具有绕垂直轴旋转的关节，尺寸与“成年男性大体相同”，可直接配置在此前人类进行作业的场所。因为可实现接近人类两臂的动作及构造，因此可以稳定地搬运工件，还可以从事紧固螺母及部件的组装和插入等作业。另外，与协调控制2个臂型机器人相比，设置面积更小。单臂负重能力为20kg，双臂可最大搬运40kg的工件。

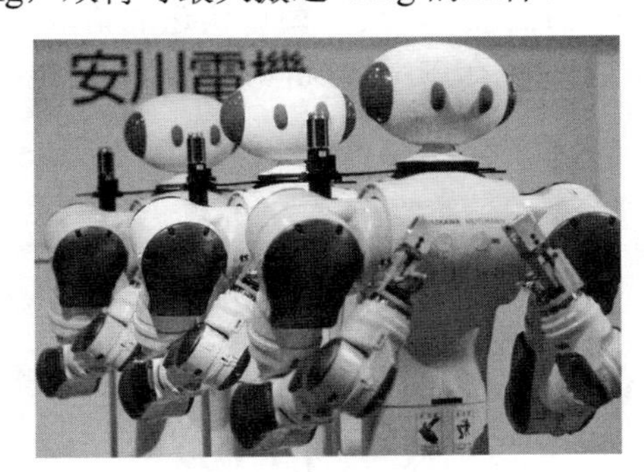

（a）双臂机器人MOTOMAN-DA20

（b）7轴机器人MOTOMAN-IA20

图1-1-2　YASKAWA机器人

IA20是一款通过7轴驱动再现人类肘部动作的臂型机器人。在产业机器人中也是全球首次实现7轴驱动，因此更加接近人类动作。一般来说，人类手臂具有7～8个关节。此前的6轴机器人，可再现手臂具有的3个关节，以及手腕具有的3个关节。而IA20则进一步增加了肘部具有的1个关节。这样就可以实现通过肘部折叠或伸出手臂的动作。6轴机器人由于动作上的制约，胸部成为“死区”，而7轴机器人可将胸部作为动作区域来使用，还可以实施绕开靠近机身障碍物的动作。

2010年意大利柯马（COMAU）宣布SMART5 PAL码垛机器人研制成功，如图1-1-3所示。该机器人专为码垛作业设计，采用新的控制单元C5G和无线示教，有效载荷为180～260kg，作业半径为3.1m，同时共享机器人家族的中空腕技术和机械配置选项；该机器人符

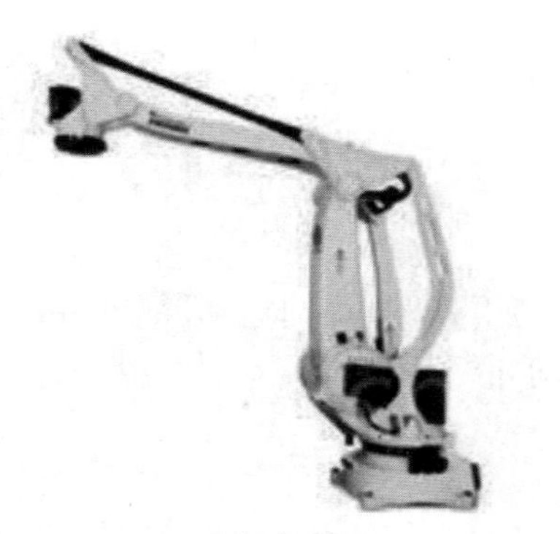

图 1-1-3　COMAU 码垛机器人 SMART5 PAL

合人体工程学，采用一流的碳纤维杆，整体轻量化设计，线速度高，能有效减少和优化时间节拍。该机器人能满足一般工业部门客户的高质量要求，主要应用在装载/卸载、多个产品拾取、堆垛和高速操作等场合。

同年，德国 KUKA 公司的机器人产品——气体保护焊接专家 KR 5arc HW（Hollow Writs），如图 1-1-4 所示，赢得了全球著名的红点奖，并且获得了"Red Dot：优中之优"杰出设计奖。其机械臂和机械手上有一个 50mm 宽的通孔，可以保护机械臂上的整套气体软管的敷设。由此不仅可以避免气体软管组件受到机械性损伤，而且可以防止其在机器人改变方向时随意甩动。既可敷设抗扭转软管组件，也可用于无限转动的气体软管组件。对用户来说，这不仅意味着提高了构件的可接近性，保证了对整套软管的最佳保护，而且使离线编程也得到了简化。

日本 FANUC 公司也推出过 Robot M-3iA 装配机器人。M-3iA 装配机器人可采用 4 轴或 6 轴模式，具有独特的平行连接结构，还具备轻巧便携的特点，承重极限 6kg，如图 1-1-5 所示。此外，M-3iA 装配机器人在同等级机器人（1350mm×500mm）中的工作行程最大。6 轴模式下的 M-3iA 具备一个 3 轴手腕，用于处理复杂的生产线任务，还能按要求旋零件，几乎可与手工媲美。4 轴模式下的 M-3iA 具备一个单轴手腕，可用于简单快速的拾取操作，工作速度可达 4000°/s。另外，手腕的中空设计使电缆可在内部缠绕，大大降低了电缆的损耗。

图 1-1-4　KUKA 焊接机器人 KR 5arc HW

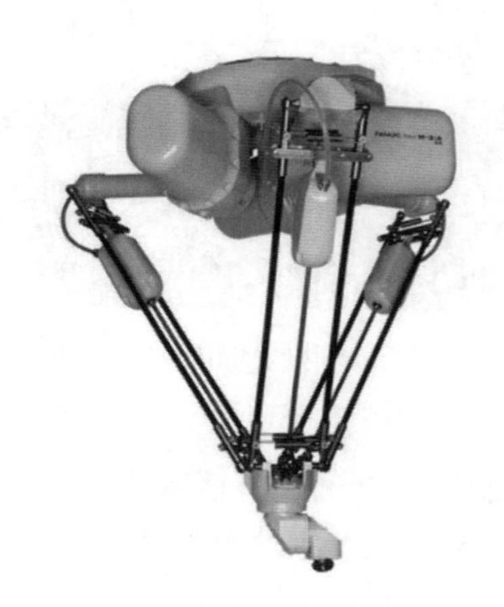

图 1-1-5　FANUC 装配机器人 Robot M-3iA

国际工业机器人技术日趋成熟，基本沿着两条路径发展：一是模仿人的手臂，实现多维运动，在应用上比较典型的是点焊、弧焊机器人；二是模仿人的下肢运动，实现物料输送、传递等搬运功能，如搬运机器人。机器人研发水平最高的是日本、美国与欧洲国家。日本在工业机器人领域研发实力非常强，全球曾一度有 60%的工业机器人都来自日本；美国则在特种机器人研发方面全球领先。它们在发展工业机器人方面各有特点。

（1）日本模式

各司其职，分层面完成交钥匙工程。即机器人制造厂商以开发新型机器人和批量生产优质产品为主要目标，并由其子公司或社会上的工程公司来设计制造各行各业所需要的机器人成套系统。

（2）欧洲模式

一揽子交钥匙工程。即机器人的生产和用户所需要的系统设计制造，全部由机器人制造商自己完成。

（3）美国模式

采购与成套设计相结合。本国国内基本上不生产普通的工业机器人，企业需要机器人通常由工程公司进口，再自行设计、制造配套的外围设备。

总之，机器人行业的发展与30年前的计算机行业极为相似。机器人制造公司没有统一的操作系统软件，流行的应用程序很难在五花八门的装置上运行。机器人硬件的标准化工作也尚未开始，在一台机器人上使用的编程代码，几乎不可能在另一台机器人上发挥作用。如果想开发新的机器人，通常得从零开始。

我国在机器人领域的发展尚处于起步阶段，应从“美国模式”着手，在条件成熟后逐步向“日本模式”靠近。整体而言，与国外进口机器人相比，国产工业机器人在精度、速度等方面不如进口同类产品，特别是在关键核心技术上还没有取得应用突破。具体现状如下。

（1）低端技术水平有待改善

机器人制造包括整机、控制系统、伺服电动机与驱动器、减速器等方面的制造，其中控制系统和减速器的核心技术仍由国外企业掌握，国内企业只能发挥组成优势，即将已接近成品的各部分模块组合到一起。然而，许多零部件的缺失使得国内企业在拓展产业链条方面颇受掣肘，而高昂的进口费用也极易威胁企业的生存状况。

（2）产业链条亟待充实与规范

与其他高端装备制造领域的情况不同，机器人制造主要集中在民营企业，产能规模自然不能比拟航空航天等产业，研发成果也无法在有利平台上得到展现。可想而知，国企投资不足是国产制造的最大劣势，而缺乏国企的规模管理导致产业链条过于松散，从而无法实现集群式发展。而主流的工业机器人领域，配套产业及设备的集群效应才是机器人制造的关键。只有具备完善的产业链条，盈利空间才能得到提升。

3. 工业机器人的发展趋势

从近几年推出的产品来看，工业机器人技术正向高性能化、智能化、模块化和系统化方向发展，其发展趋势主要为：结构的模块化和可重构化；控制技术的开放化、PC化和网络化；伺服驱动技术的数字化和分散化；多传感器融合技术的实用化；工作环境设计的优化和作业的柔性化等。

（1）高性能

工业机器人技术正向高速度、高精度、高可靠性、便于操作和维修方向发展，且单机价格不断下降。

（2）机械结构向结构的模块化、可重构化发展

例如，关节模块中的伺服电动机、减速机、检测系统三位一体化；由关节模块、连杆模

块用重组方式构造机器人整机；国外已有模块化装配机器人产品问世。

（3）本体结构更新加快

随着技术的进步，机器人本体近 10 年来发展变化很快。以安川 MOTOMAN 机器人产品为例，L 系列机器人持续 10 年，K 系列机器人持续 5 年，SK 系列机器人持续 3 年。1998 年年底安川公司推出了最新的 UP 系列机器人，其最突出的特点是大臂采用新型的非平行四边形的单连杆机构，工作空间有所增加，本体自重进一步减少，变得更加轻巧。

（4）控制系统向基于 PC 的开放型控制器方向发展

控制系统向基于 PC 的开放型控制器方向发展，便于标准化、网络化；器件集成度提高，控制柜日渐小巧。

（5）多传感器融合技术的实用化

机器人中的传感器作用日益重要，除采用传统的位置、速度、加速度等传感器外，装配、焊接机器人还应用了视觉、力觉等传感器，而遥控机器人则采用视觉、声觉、力觉、触觉等传感器的融合技术来进行环境建模及决策控制；多传感器融合配置技术在产品化系统中已有成熟应用。

（6）多智能体调控制技术

多智能体调控制技术是目前机器人研究的一个崭新领域。主要对多机器人协作、多机器人通信、多智能体的群体体系结构、相互间的通信与磋商机理，感知与学习方法，建模和规划，群体行为控制等方面进行研究。

三、工业机器人的分类

关于工业机器人的分类，国际上没有制定统一的标准，有的按负载质量分，有的按控制方式分，有的按自由度分，有的按结构度分，有的按应用度分。例如机器人首先在制造业大规模应用，所以机器人曾被简单地分为两类，即用于汽车、IT、机床等制造业的机器人称为工业机器人，其他的机器人称为特种机器人。随着机器人应用的日益广泛，这种分类显得过于粗糙。现在除工业领域之外，机器人技术已经广泛地应用于农业、建筑、医疗、服务、娱乐，以及空间和水下探索等多个领域。依据具体应用领域的不同，工业机器人又可分为物流、码垛、服务等搬运型机器人和焊接、车铣、修磨、注塑等加工型机器人等。可见，机器人的分类方法和标准很多。本书主要介绍以下两种工业机器人的分类法。

1. 按机器人的技术等级划分

按照机器人技术发展水平可以将工业机器人分为三代。

（1）示教再现工业机器人

第一代工业机器人是示教再现型。这类机器人能够按照人类预先示教的轨迹、行为、顺序和速度重复作业。示教可以由操作员手把手地进行，比如操作人员握住机器人上的喷枪，沿喷漆路线示范一遍，机器人动作记住这一连串运动，工作时，自动重复这些运动，从而完成给定位置的涂装工作。这种方式即所谓的“直接示教”，如图 1-1-6（a）所示。但是，比较普遍的方式是通过示教器示教，如图 1-1-6（b）所示。操作人员利用示教器上的开关或按键来控制机器人一步一步运动，机器人自动记录，然后重复。目前在工业现场应用的机器人大多属于第一代。

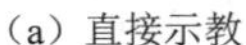

（a）直接示教

（b）示教器示教

图 1-1-6　示教再现工业机器人

（2）感知工业机器人

第二代工业机器人具有环境感知装置，能在一定程度上适应环境的变化，目前已进入应用阶段，如图 1-1-7 所示。以焊接机器人为例，机器人焊接的过程一般是通过示教方式给出机器人的运动曲线，机器人携带焊枪沿着该曲线进行焊接。这就要求工件的一致性要好，即工件被焊接位置十分准确。否则，机器人携带焊枪所走的曲线和工件的实际焊缝位置会有偏差。为解决这个问题，第二代工业机器人（应用于焊接作业时），采用焊缝跟踪技术，通过传感器感知焊缝的位置，再通过反馈控制，机器人就能够自动跟踪焊缝，从而对示教的位置进行修正，即使实际焊缝相对于原始设定的位置有变化，机器人仍然可以很好地完成焊接工作。类似的技术正越来越多地应用于工业机器人。

（3）智能机器人

第三代工业机器人称为智能机器人，如图 1-1-8 所示，具有发现问题，并且能自主地解决问题的能力，尚处于实验研究阶段。这类机器人具有多种传感器，不仅可以感知自身的状态，比如所处的位置、自身的故障等，而且能够感知外部环境的状态，如自动发现路况、测出协作机器的相对位置、相互作用的力等。更重要的是，它能够根据获得的信息，进行逻辑推理、判断决策，在变化的内部状态与变化的外部环境中，自主决定自身的行为。这类机器人不仅具有感知能力，还具有独立判断、行动、记忆、推理和决策的能力，能适应外部对象、环境协调地工作，能完成更加复杂的动作，还具备故障自我诊断及修复能力。

图 1-1-7　有感知能力的工业机器人

图 1-1-8　智能机器人

2．按机器人的机构特征划分

工业机器人的机械配置形式多种多样，典型机器人的机构运动特征是用其坐标特征来描述的。按基本动作机构，工业机器人通常可分为直角坐标机器人、柱面坐标机器人、球面坐标机器人和关节型机器人等。

（1）直角坐标机器人

直角坐标机器人具有空间上相互垂直的多个直线移动轴，通常为 3 个，如图 1-1-9 所示。通过直角坐标方向的 3 个独立自由度确定其手部的空间位置，其动作空间为一长方体。直角坐标机器人结构简单，定位精度高，空间轨迹易于求解；但其动作范围相对较小，设备的空间因数较低，实现相同的动作空间要求时，机体本身的体积相对其他类型机器人的较大。

（2）柱面坐标机器人

柱面坐标机器人的空间位置机构主要由旋转基座、垂直移动轴和水平移动轴构成，如图 1-1-10 所示。它具有一个回转和两个平移自由度，动作空间成圆柱体。这种机器人结构简单、刚性好，但缺点是在机器人的动作范围内，必须有沿轴线前后方向的移动空间，空间利用率较低。

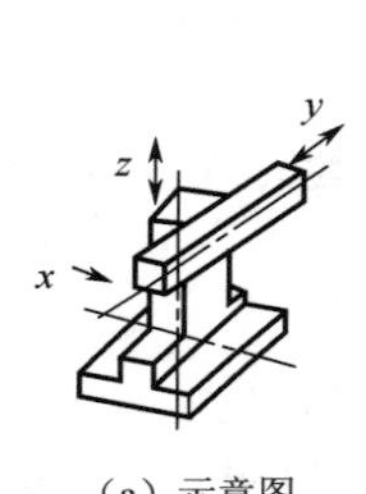

（a）示意图

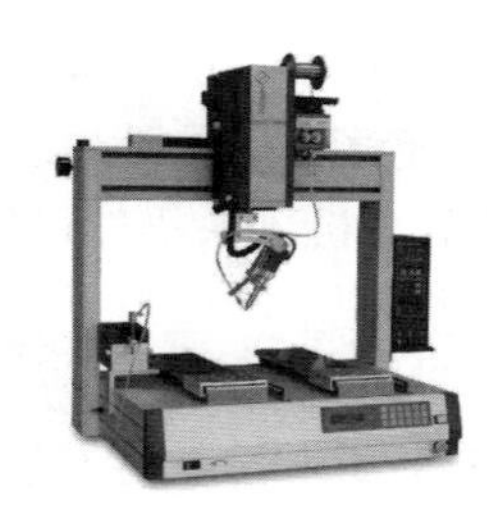

（b）实物图

图 1-1-9　直角坐标机器人

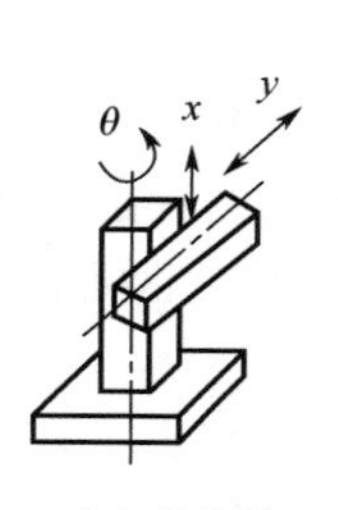

（a）示意图

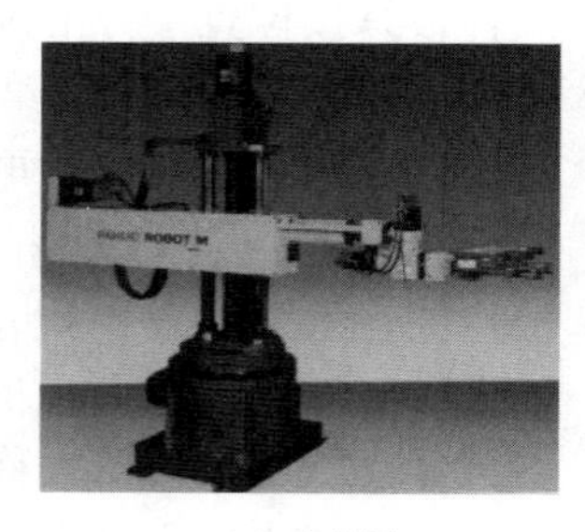

（b）实物图

图 1-1-10　柱面坐标机器人

（3）球面坐标机器人

如图 1-1-11 所示，球面坐标机器人的空间位置分别由旋转、摆动和平移 3 个自由度确定，动作空间形成球面的一部分。其机械手能够前后伸缩移动、在垂直平面上摆动，以及绕底座在水平面上移动。著名的 Unimate 机器人就是这种类型的机器人。其特点是结构紧凑，所占空间体积小于直角坐标和柱面坐标机器人，但仍大于多关节机器人。

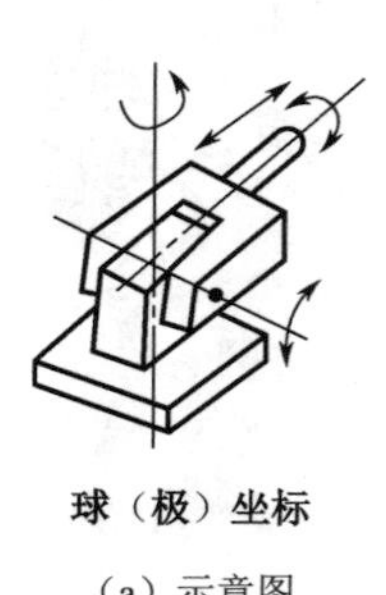

球（极）坐标

（a）示意图

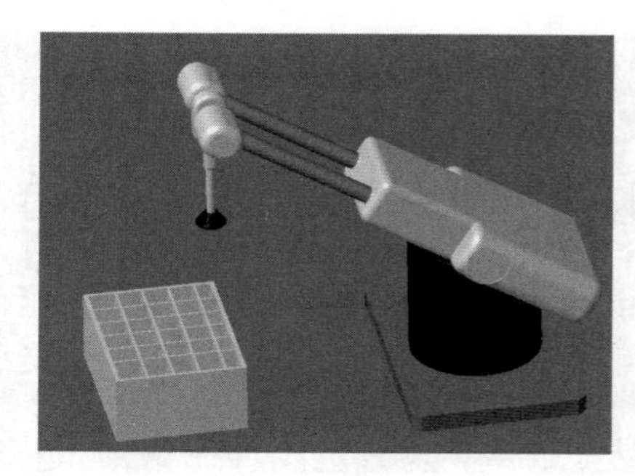

（b）实物图

图 1-1-11　球面坐标机器人

（4）多关节机器人

多关节机器人由多个旋转和摆动机构组合而成。这类机器人结构紧凑、工作空间大、动作最接近人的动作，对涂装、装配、焊接等多种作业都有良好的适应性，应用范围越来越广。不少著名的机器人都采用了这种形式，其摆动方向主要有垂直方向和水平方向两种，因此这类机器人又可分为垂直多关节机器人和水平多关节机器人。如美国 Unimation 公司 20 世纪 70 年代末推出的机器人 PUMA 就是一种垂直多关节机器人，而日本由梨山大学研制的机器人 SCARA 则是一种典型的水平多关节机器人。目前世界工业界装机最多的工业机器人是 SCARA 型 4 轴机器人和串联关节垂直 6 轴机器人。

① 垂直多关节机器人。垂直多关节机器人模拟了人类的手臂功能，由垂直于地面的腰部旋转轴（相对于大臂旋转的肩部旋转轴）、带动小臂旋转的肘部旋转轴，以及小臂前端的手腕等构成。手腕通常由 2～3 个自由度构成，其动作空间近似一个球体，所以也称为多关节球面机器人，如图 1-1-12 所示。其优点是可以自由地实现三维空间的各种姿势，可以生成各种复杂形状的轨迹。相对机器人的安装面积，其动作范围很宽；缺点是结构刚度较低，动作的绝对位置精度较低。

② 水平多关节机器人。水平多关节机器人在结构上具有串联配置的两个能够在水平面内旋转的手臂，其自由度可以根据用途选择 2～4 个，动作空间为一圆柱体，如图 1-1-13 所示。其优点是在垂直方向上的刚性好，能方便地实现二维平面的动作，在装配作业中得到普遍应用。

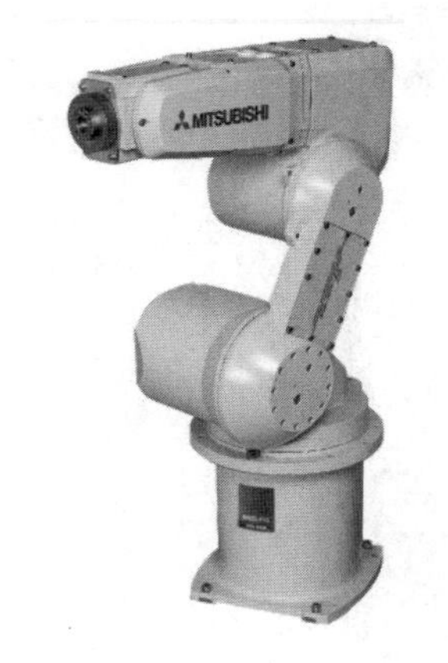

图 1-1-12　垂直多关节机器人

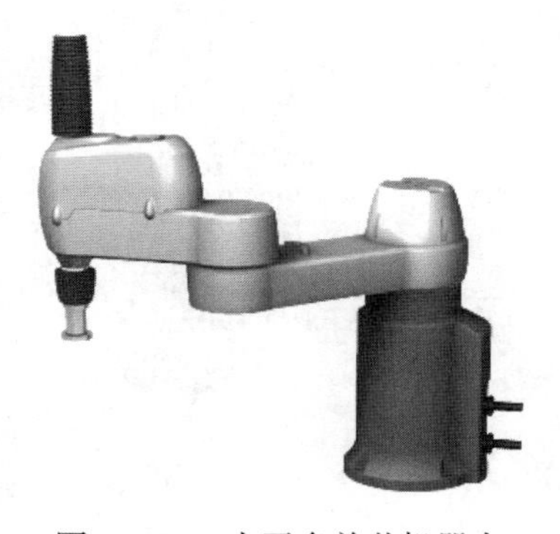

图 1-1-13　水平多关节机器人

四、工业机器人的应用

工业机器人是集机械、电子、控制、计算机、传感器、人工智能等多学科先进技术于一体的现代制造业重要的自动化装备。在国外，工业机器人技术日趋成熟，已经成为一种标准设备而得到工业界广泛应用，从而也形成了一批在国际上较有影响力的、知名工业机器人企业。

根据国际机器人联合会（IFR）的数据，2011 年是工业机器人自 1961 年创业以来最蓬勃发展的一年，全球市场销量为 166028 台，同比增长 38%。而 2011 年中国市场则成为增幅最大的一年，销售量达 22577 台，较 2010 年实现了 50.7%的增长。中国拥有的工业机器人数量

和密度与日本、美国和德国等国家仍有很大差距。在绝对数量上，中国的机器人数量仅为日本的24%、美国的39%、德国的47%；在工业机器人应用最多的汽车行业，每万名工人中中国的机器人数量只有141台，而日本有1584台，德国有1176台，美国有1104台。从这个角度看，工业机器人在中国的缺口很大。

自1969年，美国通用汽车公司用21台工业机器人组成了焊接轿车车身的自动生产线后，各工业发达国家都非常重视研制和应用工业机器人，进而也相继形成了一批在国际上较有影响力的著名的工业机器人企业。这些企业目前在中国的工业机器人市场也处于领先地位，主要分为日系和欧系两种。具体来说，又可分成“四大”和“四小”两个阵营：“四大”即瑞典ABB、日本FANUC及YASKAWA、德国KUKA；“四小”为日本OTC、PANASONIC、NACHI及KAWASAKI。其中，日本FANUC与YASKAWA、瑞典ABB三家企业在全球机器人销量均突破了20万台，KUKA机器人的销量也突破了15万台。国内也涌现了一批工业机器人厂商，这些厂商中既有像沈阳新松这样的国内机器人技术的领先者，也有像南京埃斯顿、广州数控这些伺服、数控系统厂商。如图1-1-14所示展示了近年来工业机器人行业应用发布情况，当今世界近40%的工业机器人集中使用在汽车领域，主要进行搬运、码垛、焊接、涂装和装配等复杂作业。

图1-1-14　近年来工业机器人行业应用分布

（1）机器人搬运

搬运作业是指用一种设备握持工件，从一个加工位置移到另一个加工位置。搬运机器人可安装不同的末端执行器（如机械手爪、真空吸盘、电磁吸盘等）以完成各种不同形状和状态的工件搬运，大大减轻了人类繁重的体力劳动，通过编程控制，可以让多台机器人配合各个工序不同设备的工作时间，实现流水线作业的最优化。搬运机器人具有定位准确、工作节拍可调、工作空间大、性能优良、运行平稳、维修方便等特点。目前世界上使用的搬运机器人已超过10万台，广泛应用于机床上下料、自动装配流水线、码垛搬运、集装箱等自动搬运，

机器人搬运机床上下料如图 1-1-15 所示。

（2）机器人码垛

机器人码垛是机电一体化高新技术的产物，如图 1-1-16 所示。它可满足中低量的生产需要，也可按照要求的编组方式和层数，完成对料带、胶块、箱体等各种产品的码垛。机器人代替人工搬运、码垛、生产，能迅速提高企业的生产效率和产量，同时能减少人工搬运造成的错误；机器人码垛可全天候作业，由此每年能节约大量的人力资源成本，减员增效。码垛机器人广泛应用于化工、饮料、食品、啤酒、塑料等生产企业，对纸箱、袋装、罐装、啤酒箱、瓶装等各种形状的包装成品都适用。

图 1-1-15　机器人搬运机床上下料

图 1-1-16　机器人码垛

（3）机器人焊接

机器人焊接是目前最大的工业机器人应用领域（如工程机械、汽车制造、电力建设、钢结构等），它能在恶劣的环境下连续工作并能提供稳定的焊接质量，提高了工作效率，减轻了工人的劳动强度。采用机器人焊接是焊接自动化的革命性进步，它突破了焊接刚性自动化（焊接专机）的传统方式，开拓了一种柔性自动化的生产方式，实现了在一条焊接机器人生产线同时自动生产若干种焊件，如图 1-1-17 所示。

（4）机器人涂装

机器人涂装工作站或生产线充分利用了机器人灵活、稳定、高效的特点，适用于生产量大、产品型号多、表面形状不规则的工件外表面涂装，广泛应用于汽车、汽车零配件（如发动机、保险杆、变速箱、弹簧、板簧、塑料件、驾驶室等）、铁路（如客车、机车、油罐车等）、家电（如电视机、电冰箱、洗衣机、计算机、手机等）、建材（如卫生陶瓷）、机械（如电动机减速器）等行业，如图 1-1-18 所示。

图 1-1-17　机器人焊接

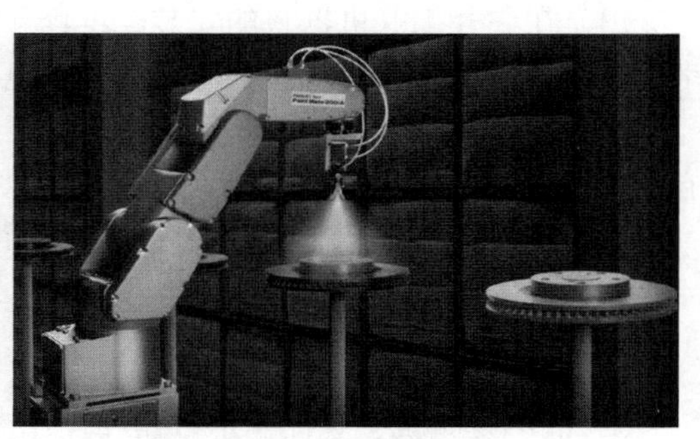

图 1-1-18　机器人涂装

（5）机器人装配

装配机器人是柔性自动化系统的核心设备，如图 1-1-19 所示。其末端执行器为适应不同的装配对象而设计成各种“手爪”；传感系统用于获取装配机器人与环境和装配对象之间相互作用的信息。与一般工业机器人相比，装配机器人具有精度高、柔顺性好、工作范围小、能与其他系统配套使用等特点，主要应用于各种电器制造行业及流水线产品的组装作业，具有高效、精确、可不间断工作的特点。

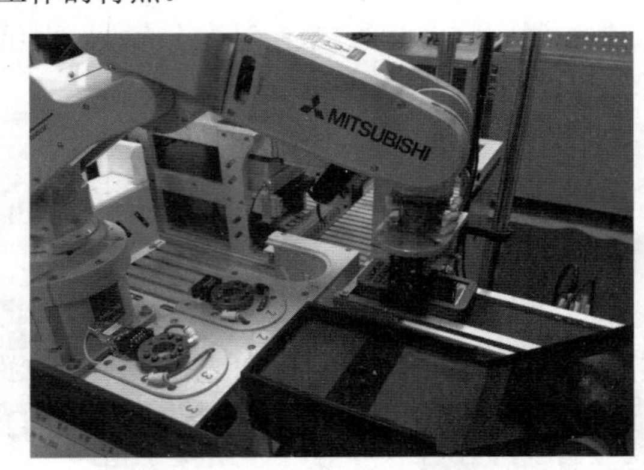

图 1-1-19　手机装配

综上所述，在工业生产中应用机器人，可以方便迅速地改变作业内容或方式，以满足生产要求的变化。例如，改变焊缝轨迹，改变涂装位置，变更装配部件或位置等。随着对工业生产线柔性的要求越来越高，对各种机器人的需求也会越来越强烈。

五、工业机器人的安全使用

工业机器人与一般的自动化设备不同，可在动作区域范围内高速自由运动，最高运行速度可达 4m/s，所以在操作工业机器人时必须严格遵守操作规程，并熟知安全注意事项。

1．安全注意事项

（1）工业机器人所有操作人员必须对自己的安全负责，在使用机器人时必须遵守所有的安全条款，规范操作。

（2）工业机器人的编程人员、应用系统的设计和调试人员、安装人员必须接受授权培训机构的操作培训后，才可进行单独操作。

（3）在进行工业机器人的安装、维修和保养时切记要关闭总电源。带电操作容易造成电路短路而损坏机器人，或使操作人员有触电危险。

（4）在调试与运行工业机器人时，由于机器人的动作具有不可预测性，所有动作都有可能产生碰撞而造成伤害，所以除调试人员以外的所有人员要与机器人保持足够的安全距离，一般应与机器人工作半径保持 1.5m 以上的距离。

2．安全操作规程

（1）示教和手动机器人

① 请不要佩戴手套操作示教器和操作盘。

② 在点动操作机器人时要采用较低的倍率速度以增加对机器人的控制机会。

③ 在按下示教器上的点动键之前要考虑到机器人的运动趋势。

④ 要预先考虑好避让机器人的运动轨迹，并确认该线路不受干涉。

⑤ 机器人周围区域必须清洁，无油、水及杂质等。

⑥ 必须确认现场人员情况，安全帽、安全鞋、工作服是否齐备。

（2）生产运行

① 在开机运行前，须知道机器人根据所编程序将要执行的全部任务。

② 必须知道所有能控制机器人移动的开关、传感器和控制信号的位置和状态。

③ 必须知道机器人控制器和外围控制设备上紧急停止按钮的位置，准备在紧急情况下按这些按钮。

④ 永远不要认为机器人没有移动其程序就已经完成。因为这时机器人很有可能是在等待让它继续移动的输入信号。

3．工业机器人安全使用规则

（1）安全教育的实施

示教作业等必须由受过操作训练的人员操作使用。（不切断电源的保养作业也相同）

（2）作业规程的编制

将示教作业按照机器人的操作方法及步骤，异常时、再启动时的处理方法等编制成相关的作业规程，并遵守规章内容。（不切断电源的保养作业也相同）

（3）紧急停止开关的设定

示教作业须设定为可立即停止运转中的装置。（不切断电源的保养作业也相同）

（4）示教作业中的表示

示教作业中须将“示教作业中”的标示放置在启动开关上。（不切断电源的保养作业也相同）

（5）安全栅栏的设置

运转中须确认使用围篱或栅栏将操作人员与机器人隔离，防止直接接触设备。

（6）运转开始信号

运转开始，须对相关人员发出运转开始信号，请参照相关方法进行设置。

（7）维护作业中的表示

维护作业原则上须中断电源进行，并将“维护作业中”的标示放置在启动开关上。

（8）作业开始前的检查

作业开始前须详细检查，确认机器人及紧急停止开关、相关装置等无异常状况。

4．工业机器人操作注意事项

（1）使用多个控制器（GOT、PLC、按钮开关）控制机器人自动运转时，各控制器操作权等的互锁须由客户端自行设计。

（2）应在规范环境（温度、湿度、空气、噪声环境等状况）中使用机器人，否则容易造成设备故障。

（3）应按照机器人指定的搬运姿势搬运或移动机器人，否则有可能因为掉落而危害人身安全或造成设备故障。

（4）应确认将机器人固定在底座上，不稳定的姿势有可能产生位置偏移或发生振动。

（5）电线是产生噪声的原因，应尽可能将配线拉开距离，太过接近有可能造成位置偏移及错误动作。

（6）请勿用力拉扯接头或过度卷曲电线，否则有可能造成接触不良及电线断裂。

（7）夹爪所夹持的工件质量请勿超出额定负荷及容许力矩，否则有可能发生异常报警及故障。

（8）须确保夹爪、工具的取放及工件的抓握牢固，否则运转过程中工件有可能甩开而导致人员及物品损伤。

（9）须确认机器人及控制器的接地状态，否则容易造成机器人因为噪声而做出错误动作或导致触电事故发生。

（10）机器人在运动中时须标示为“运转状态”，否则容易导致人员接近或有错误的操作。

（11）在机器人的动作范围内进行示教作业时，请务必确保操作人员对机器人的控制有优先权，否则由外部指令使机器人启动，有可能造成人员及物品损伤。

（12）JOG（点动）速度应尽量设置为低速，并请勿在操作中将视线离开机器人，否则容易干涉工件及周边装置。

（13）自动运行程序前，请务必确认每一步的运转动作，否则有可能发生程序错误及周边装置干涉。

（14）自动运转中安全栅栏的出入口门打开状态被锁定时，机器人会自动停止，否则会造成人员受伤。

（15）请勿私自做机械改造或使用非指定的零件，否则可能导致设备故障或损坏。

（16）从外部用手推动机器人手臂时，请勿将手放入开口部位，否则有可能会夹伤手部。

（17）在机器人自动运转中，请勿用关闭机器人控制器主电源的方式使机器人停止或紧急停止，否则有可能使机器人的精度受到影响，且有可能发生手臂掉落或松动而干涉周边装置的情况。

（18）重写控制器内的程序或参数等内部资料时，请勿关闭控制器主电源，否则有可能破坏控制器的内部资料。

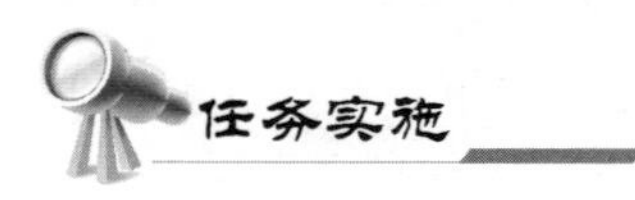

一、任务准备

实施本任务教学所使用的实训设备及工具材料可参考表 1-1-1。

表 1-1-1　实训设备及工具材料

序号	分类	名称	型号规格	数量	单位	备注
1	工具	电工常用工具		1	套	
2	设备器材	工业机器人	ABB 型号自定	1	套	
3		工业机器人	KUKA 型号自定	1	套	
4		工业机器人	FANUC 型号自定	1	套	
5		工业机器人	YASKAWA 型号自定	1	套	
6		工业机器人	自定	1	套	

二、观看工业机器人在工厂自动化生产线中的应用录像

记录工业机器人的品牌及型号，并查阅相关资料，了解工业机器人的类型、品牌和应用等，填写表 1-1-2。

表 1-1-2　观看工业机器人在工厂自动化生产线中的应用录像记录表

序　号	类　型	品牌及型号	应 用 场 合
1	搬运机器人		
2	码垛机器人		
3	装配机器人		
4	焊接机器人		
5	涂装机器人		

三、参观工厂、实训室

参观实训室如图 1-1-20 所示，记录工业机器人的品牌及型号，并查阅相关资料，了解工业机器人的主要技术指标及特点，填写表 1-1-3。

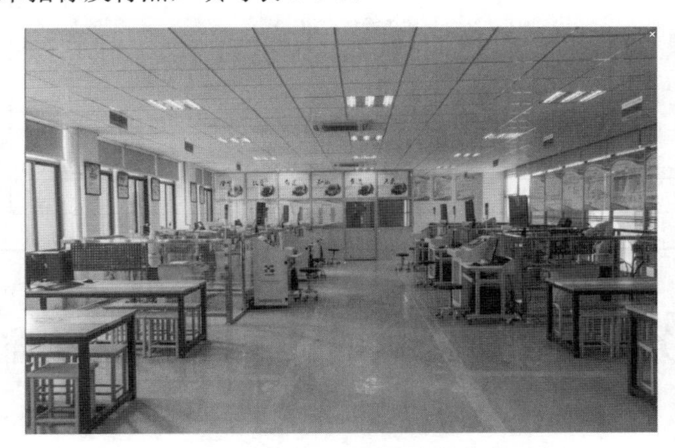

图 1-1-20　工业机器人编程与操作实训室

表 1-1-3　参观工厂、实训室记录表

序　号	品牌及型号	主要技术指标	特　点
1			
2			
3			

四、教师演示工业机器人的操作过程，并说明操作过程的注意事项

五、在教师的指导下，学生分组进行简单的机器人操作练习

对任务实施的完成情况进行检查，并将结果填入表 1-1-4。

表 1-1-4 任务测评表

序号	主 要 内 容	考 核 要 求	评 分 标 准	配分	扣分	得分
1	观看录像	正确记录工业机器人的品牌及型号，正确描述主要技术指标及特点	1. 记录工业机器人的品牌、型号有错误或遗漏，每处扣 5 分 2. 描述主要技术指标及特点有错误或遗漏，每处扣 5 分	20		
2	参观工厂	正确记录工业机器人的品牌及型号，正确描述主要技术指标及特点	1. 记录工业机器人的品牌、型号有错误或遗漏，每处扣 5 分 2. 描述主要技术指标及特点有错误或遗漏，每处扣 5 分	20		
3	机器人操作练习	1. 观察机器人操作过程，能说出工业机器人的安全注意事项、安全使用原则和操作注意事项 2. 能正确进行工业机器人的操作	1. 不能说出工业机器人的安全注意事项，扣 10 分 2. 不能说出工业机器人的安全使用原则，扣 10 分 3. 不能说出工业机器人的操作注意事项，扣 10 分 4. 不能根据控制要求，完成工业机器人的简单操作，扣 20 分	50		
4	安全文明生产	劳动保护用品穿戴整齐；遵守操作规程；讲文明礼貌；操作结束要清理现场	1. 操作中，违犯安全文明生产考核要求的任何一项扣 5 分，扣完为止 2. 当发现学生有重大事故隐患时，要立即予以制止，并每次扣安全文明生产分 5 分	10		
合 计						
开始时间：			结束时间：			

任务 2　工业机器人的机械结构和运动控制

◇ 知识目标

1. 熟悉工业机器人的常见技术指标。
2. 掌握工业机器人的机构组成及各部分的功能。
3. 了解工业机器人的运动控制。
4. 熟悉示教器的按键功能及使用功能。
5. 掌握工业机器人运动轴和坐标系。
6. 掌握手动移动工业机器人的流程和方法。

◇ 能力目标

1. 能够正确识别工业机器人的基本组成。
2. 能够正确判别工业机器人的点位控制和连续路径运动。
3. 能够使用示教器熟练操作机器人实现单轴运动、线性运动与重定位运动。

工作任务

对工业机器人而言，操作者可以通过示教器来控制机器人关节（轴）的动作，也可以通过运行已有示教程序来实现机器人的自由运转。不过，目前机器人自动运行的程序多数是通过手动操纵机器人来创建和编辑的。因此，手动操纵机器人是工业机器人示教编程的基础，是完成机器人作业“示教—再现”的前提。本次任务是了解有关工业机器人系统的基本组成、技术参数及运动控制，能够熟练进行机器人坐标系和运动轴的选择，并能够使用示教器熟练操作机器人实现单轴运动、线性运动与重定位运动。

相关知识

一、工业机器人的系统组成

工业机器人是一种模拟人手臂、手腕和手功能的机电一体化装置，可对物体运动的位置、速度和加速度进行精确控制，从而完成某一工业生产的作业要求。如图 1-2-1 所示，当前工业中应用最多的第一代工业机器人主要由以下几个部分组成：机器人本体（操作机）、控制器和示教器。对于第二代及第三代工业机器人还包括感知系统和分析决策系统，它们分别由传感器及软件实现。

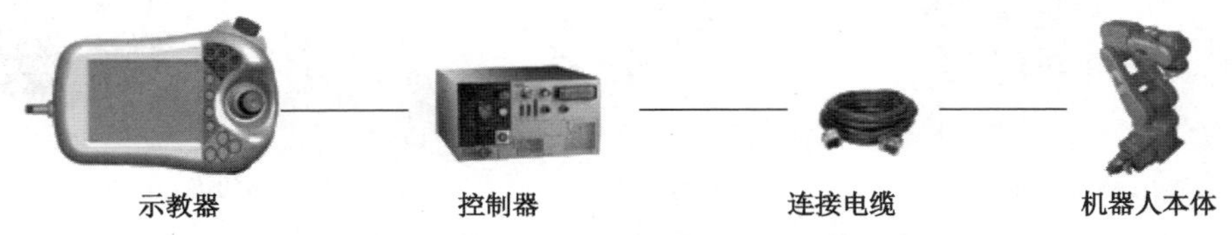

图 1-2-1　工业机器人系统组成示意图

1．机器人本体

机器人本体（或称操作机）是工业机器人的机械主体，是用来完成各种作业的执行机构。它主要由机械臂、驱动装置、传动单元及内部传感器等部分组成，如图 1-2-2 所示。由于机器人需要实现快速而频繁的启停、精确的到位和运动，因此必须采用位置传感器、速度传感器等检测元件实现位置、速度和加速度闭环控制。图 1-2-2 所示为 6 轴自由度关节型工业机器人操作机的基本构造。为适应不同的用途，机器人操作机最后一个轴的机械接口通常为一连接法兰，可接装不同的机械操作装置（习惯上称为末端执行器），如夹紧爪、吸盘、焊枪等，如图 1-2-3 所示。

（1）机械臂

关节型工业机器人的机械臂是由关节连在一起的许多机械连杆的集合体。它本质上是一个拟人手臂的空间开链式机构，一端固定在基座上，另一端可自由运动。关节通常是移动关节和旋转关节。移动关节允许连杆做直线移动，旋转关节仅允许连杆之间发生旋转运动。由关节—连杆结构所构成的机械臂大体可分为基座、腰部、手臂（大臂和小臂）和手腕等 4 部分，由 4 个独立旋转的“关节”（腰关节、肩关节、肘关节和腕关节）串联而成，如图 1-2-2 所示。它们可在各个方向运动，这些运动就是机器人在“做工”。

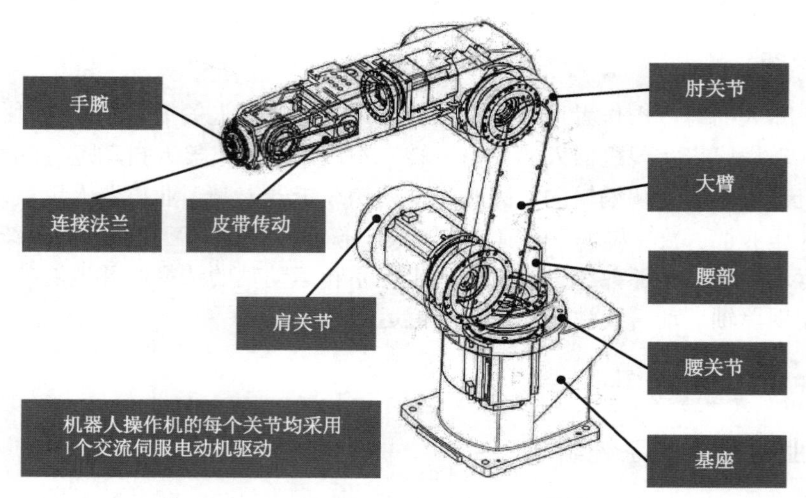

图 1-2-2　关节型工业机器人操作机的基本构造

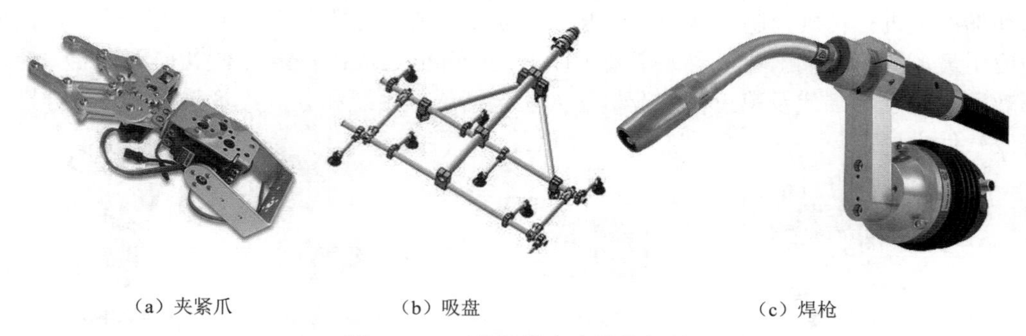

（a）夹紧爪　　（b）吸盘　　（c）焊枪

图 1-2-3　工业机器人末端执行器

① 基座。工业机器人的基座是机器人的基础部分，起支撑作用，整个执行机构和驱动系统都安装在基座上。有时为了能使机器人完成较远距离的操作，可以增加行走机构，行走机构多为滚轮式或履带式，行走方式分为有轨与无轨两种。近几年发展起来的步行机器人的行走机构多为连杆机构。

② 腰部。腰部是机器人手臂的支撑部分。根据执行机构坐标系的不同，腰部可以在基座上转动，也可以和基座制成一体。有时腰部也可以通过导杆或导槽在基座上移动，从而增大工作空间。

③ 手臂。手臂是连接机身和手腕的部分，由操作机的动力关节和连接杆件等构成。它是执行机构中的主要运动部件，也称主轴，主要用于改变手腕和末端执行器的空间位置，满足机器人的作业空间，并将各种载荷传递到基座。手臂的运动方式有直线运动和回转运动两种形式。手臂要有足够的承载能力和刚度，导向性好，质量和转动惯量小，运动平稳，定位精度高。

④ 手腕。工业机器人的手腕是连接末端执行器和手臂的部分，将作业载荷传递到臂部，也称次轴，主要用于改变末端执行器的空间姿态。机器人一般具有 6 个自由度才能使手部（末端执行器）到达目标位置并处于期望的姿态，手腕的自由度主要用于实现所期望的姿态。因此，要求腕部具有回转、俯仰和偏转 3 个自由度，如图 1-2-4 所示。通常，把手腕的回转称为

Roll，用 R 表示；把手腕的俯仰称为 Pitch，用 P 表示；把手腕的偏转称为 Yaw，用 Y 表示。

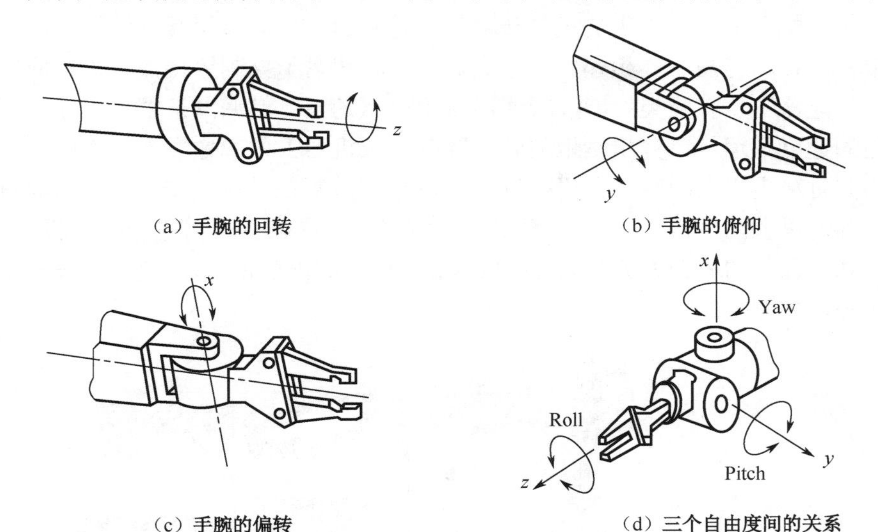

（a）手腕的回转　（b）手腕的俯仰　（c）手腕的偏转　（d）三个自由度间的关系

图 1-2-4　工业机器人末端执行器

（2）驱动装置

驱动装置是驱使工业机器人机械臂运动的机构。按照控制系统发出的指令信号，借助于动力元件使机器人产生动作，相当于人的肌肉、筋络。机器人常用的驱动方式主要有液压驱动、气压驱动和电气驱动三种基本类型，见表 1-2-1。目前，除个别运动精度不高、重负载或有防爆要求的机器人采用液压、气压驱动外，工业机器人大多采用电气驱动，而其中交流伺服电动机应用最广，且驱动器布置大都采用一个关节一个驱动器。

表 1-2-1　三种驱动方式特点比较

驱动方式	特点					
	输出力	控制性能	维修使用	结构体积	使用范围	制造成本
液压驱动	压力高，可获得大的输出力	油液不可压缩，压力流量均容易控制，可无级调速，反应灵敏，可实现连续轨迹控制	维修方便，液体对温度变化敏感，油液泄漏易着火	在输出力相同的情况下，体积比气压驱动方式小	中、小型及重型机器人	液压元件成本较高，油路比较复杂
气压驱动	气体压力低，输出力较小；若输出力大时，其结构尺寸也较大	可高速运行，冲击较严重，精确定位困难。气体压缩性大，阻尼效果差，低速不易控制，不易与 CPU 连接	维修简单，能在高温、粉尘等恶劣环境中使用，泄漏无影响	体积较大	中、小型机器人	结构简单，工作介质来源方便，成本低
电气驱动	输出力较小或较大均可	容易与 CPU 连接，控制性能好，响应快，可精确定位，但控制系统复杂	维修使用较复杂	需要减速装置，体积较小	高性能、运动轨迹要求严格的机器人	成本较高

（3）传动单元

驱动装置是受控运动，必须通过传动单元带动机械臂产生运动，以精确的保证末端执行

器所需求的位置、姿态，实现其运动。

目前，工业机器人广泛采用的机械传动单元是减速器，与通用减速器相比，机器人关节减速器要求具有传动链短、体积小、功率大、质量轻和易于控制等特点。大量应用在关节型机器人上的减速器主要有两类：谐波减速器和 RV 减速器。精密减速器使机器人伺服电动机在一个合适的速度下运转，并精确地将转速降到工业机器人各部位需要的速度，在提高机械本体刚性的同时输出更大的转矩。一般将 RV 减速器放置在基座、腰部、大臂等重负载位置（主要用于 20kg 以上的机器人关节）；而将谐波减速器放置在小臂、腕部或手部等轻负载位置（主要用于 20kg 以下的机器人关节）。此外，机器人还采用齿轮传动、链条（皮带）传动、直线运动单元等，如图 1-2-5 所示。

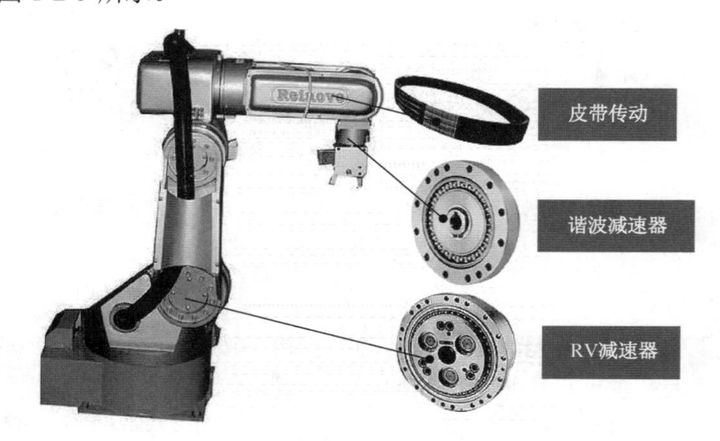

图 1-2-5　机器人关节传动单元

① 谐波减速器。同行星齿轮传动一样，谐波齿轮传动（简称谐波传动）通常由 3 个基本构件组成，包括一个有内齿的刚轮，一个工作时可产生径向弹性变形并带有外齿的柔轮和一个装在柔轮内部、呈椭圆形、外圈带有柔性滚动轴承的波发生器，如图 1-2-6 所示。在这 3 个基本构件中可任意固定一个，其余一个为主动件，另一个为从动件（如刚轮固定不变，波发生器为主动件，柔轮为从动件）。

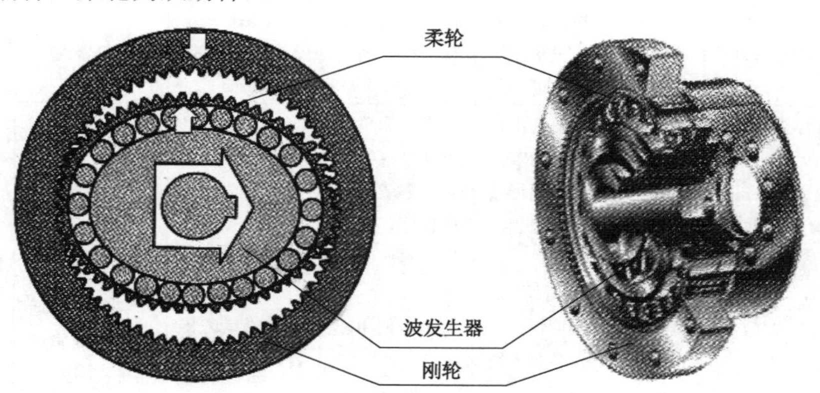

图 1-2-6　谐波减速器工作原理

当波发生器装入柔轮后，迫使柔轮的剖面由原来的圆形变成椭圆形，其长轴两端附近的齿与刚轮的齿完全啮合，而短轴两端附近的齿则与刚轮完全脱开，周长上其他区段的齿处于

啮合和脱离的过渡状态。当波发生器沿某一方向连续转动时，柔轮的变形不断改变，使柔轮与刚轮的啮合状态也不断改变，啮入、啮合、啮出、脱开、再啮入……周而复始地进行，柔轮的外齿数少于刚轮的内齿数，从而实现柔轮相对刚轮沿波发生器相反方向缓慢旋转。

② RV 减速器。与谐波传动相比，RV 传动具有较高的疲劳强度和刚度及较长的寿命，而且回差精度稳定，不像谐波传动，随着使用时间的增长，运动精度就会显著降低，故高精度机器人传动多采用 RV 减速器，而且有逐渐取代谐波减速器的趋势。如图 1-2-7 所示为 RV 减速器结构示意图，主要由太阳轮（中心轮）、行星轮、转臂（曲柄轴）、转臂轴承、摆线轮（RV 齿轮）、针齿、刚性盘与输出盘等零部件组成。

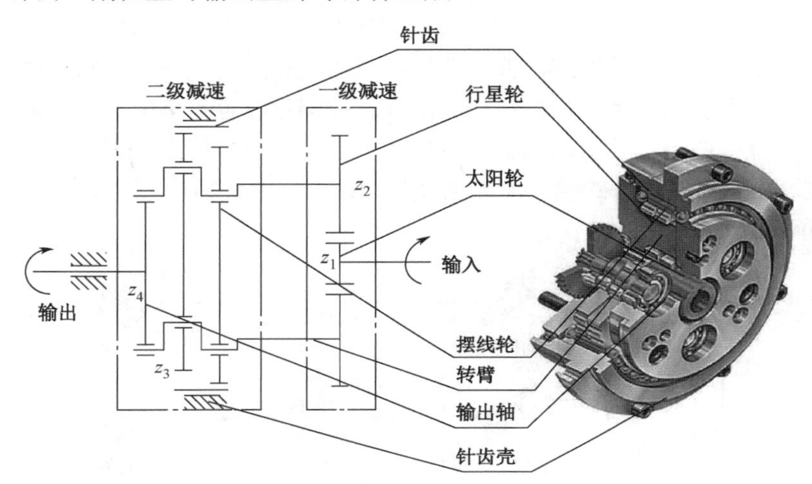

图 1-2-7　RV 减速器结构示意图

RV 传动装置是由第一级渐开线圆柱齿轮行星减速机构和第二级摆线轮行星减速机构两部分组成，是一封闭差动轮系。执行电动机的旋转运动由齿轮轴或太阳轮传递给两个渐开线行星轮，进行第一级减速；行星轮的旋转通过曲柄轴带动相距 180° 的摆线轮，从而生成摆线轮的公转。同时，由于摆线轮在公转过程中会受到固定于针齿壳上针齿的作用力而形成与摆线轮公转方向相反的力矩，进而造成摆线轮的自转运动，完成第二级减速。运动的输出通过两个曲柄轴使摆线轮与刚性盘构成平行四边形的等角速度输出机构，将摆线轮的转动等速传递给刚性盘及输出盘。

2. 控制器

如果说操作机是机器人的“肢体”，那么控制器则是机器人的“大脑”和“心脏”。机器人控制器是根据指令及传感信息控制机器人完成一定动作或作业任务的装置，是决定机器人动作功能和性能的主要因素，也是机器人系统中更新和发展最快的部分。它通过各种控制电路中硬件和软件的结合来操纵机器人，并协调机器人与周边设备的关系，其基本功能如下。

① 示教功能。包括在线示教和离线示教两种方式。

② 记忆功能。存储作业顺序、运动路径和方式及与生产工艺有关的信息等。

③ 位置伺服功能。机器人多轴联动、运动控制、速度和加速度控制、动态补偿等。

④ 坐标设定功能。可在关节、直角、工具等常见坐标系之间进行切换。

⑤ 与外围设备联系功能。包括输入/输出接口、通信接口、网络接口等。

⑥ 传感器接口。位置检测、视觉、触觉、力觉等。

⑦ 故障诊断安全保护功能。运行时状态监视、故障状态下的安全保护和自诊断。

控制器是完成机器人控制功能的结构实现。依据控制系统的开放程度，机器人控制器可分为 3 类：封闭型、开放型和混合型。目前应用的工业机器人控制系统基本上都是封闭型系统（如日系机器人）或混合型系统（如欧系机器人）。按计算机结构、控制方式和控制算法的处理方法，机器人控制器又可分为集中式控制和分布式控制两种方式。

（1）集中式控制器

利用一台微型计算机实现系统的全部控制功能，早期机器人（如 Hero-Ⅰ、Robot-Ⅰ等）常采用这种结构，如图 1-2-8 所示。集中式控制器的优点是硬件成本较低，便于信息的采集和分析，易于实现系统的最优控制，整体性与协调性较好，基于 PC 的系统硬件扩展较为方便。但其缺点也显而易见：系统控制缺乏灵活性，控制危险容易集中，一旦出现故障，其影响面广，后果严重；由于工业机器人的实时性要求较高，当系统进行大量数据计算时，会降低系统实时性，系统对多任务的响应能力也会与系统的实时性相冲突；此外，系统连线复杂，会降低系统的可靠性。

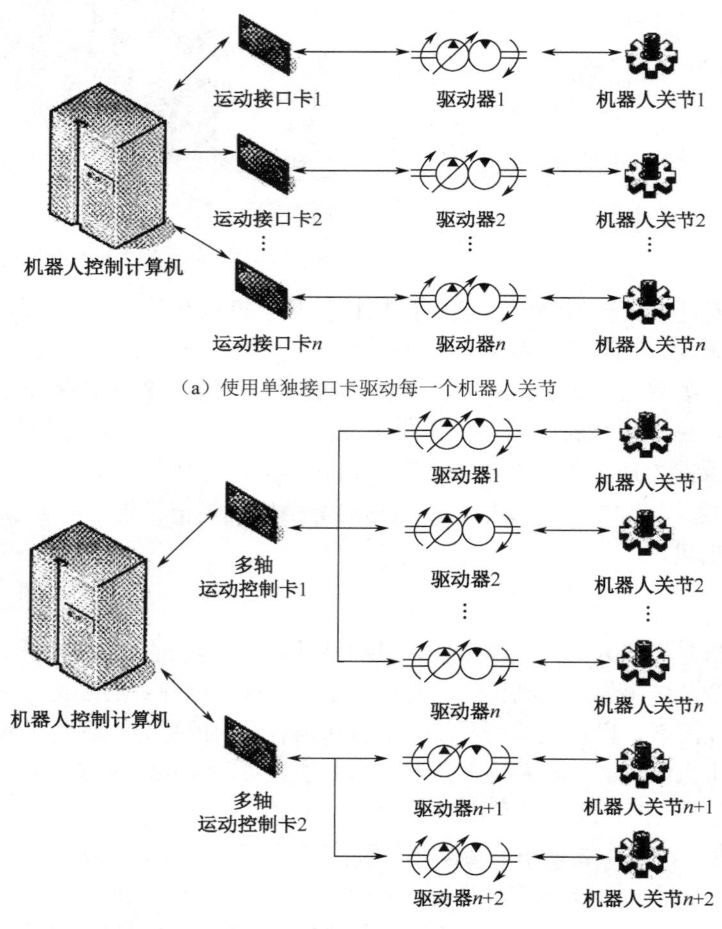

（a）使用单独接口卡驱动每一个机器人关节

（b）使用多轴运动控制卡驱动多个机器人关节

图 1-2-8 集中式机器人控制器结构框图

（2）分布式控制器

其主要思想是“分散控制，集中管理”，即系统对其总体目标和任务可以进行综合协调和分配，并通过子系统的协调工作来完成控制任务，整个系统在功能、逻辑和物理等方面都是分散的。子系统是由控制器和不同被控对象或设备构成的，各个子系统之间通过网络等进行相互通信。分布式控制结构提供了一个开放、实时、精确的机器人控制系统。分布式系统中常采用两级控制方式，由上位机和下位机组成，如图 1-2-9 所示。上位机负责整个系统管理及运动学计算、轨迹规划等，下位机由多个 CPU 组成，每个 CPU 控制一个关节运动。上、下位机通过通信总线（如 RS-232、RS-485、以太网等）相互协调工作。分布式系统的优点在于系统灵活性好，控制系统的危险性降低，采用多处理器的分散控制，有利于系统功能的并行执行，提高系统的处理效率，缩短响应时间。

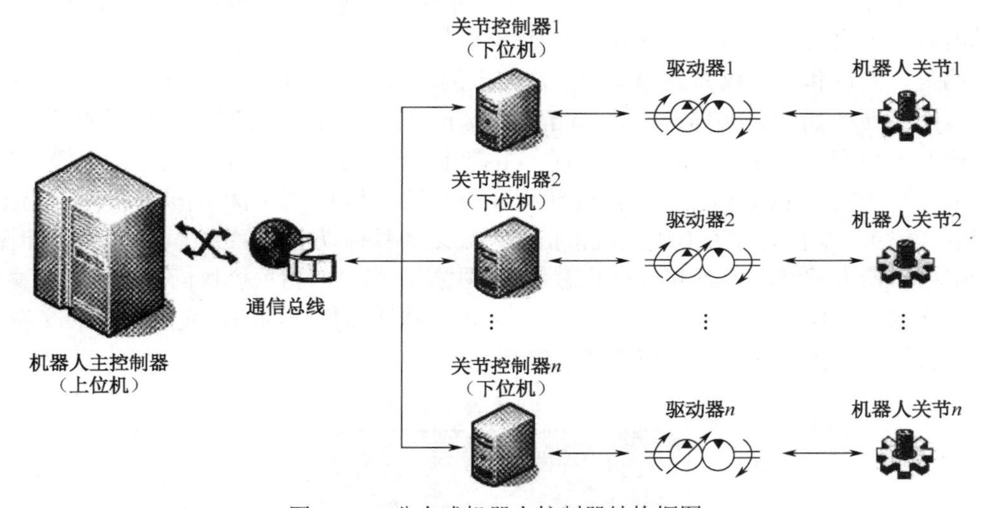

图 1-2-9　分布式机器人控制器结构框图

ABB 第五代机器人控制器 IRC5 就是一个典型的模块化分布设计。IRC5 控制器（灵活型控制器）如图 1-2-10 所示，由一个控制模块和一个驱动模块组成，可选增一个过程模块以

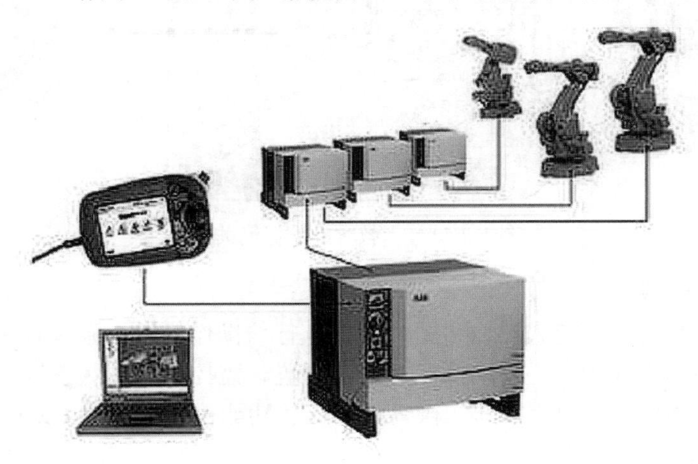

图 1-2-10　ABB 机器人控制器 IRC5 的模块化分布设计

容纳定制设备和接口，如点焊、弧焊和胶合等。配备这三种模块的灵活型控制器完全有能力控制一台 6 轴机器人外加伺服驱动工件定位器及类似设备。控制模块作为 IRC5 的心脏，自带主计算机，能够执行高级控制算法，为多达 36 个伺服轴进行复合路径计算，并且可指挥四个驱动模块。控制模块采用开放式系统架构，配备基于商用 Intel 主板和处理器的工业 PC 及 PCI 总线。如需增加机器人的数量，只需为每台新增机器人增装一个驱动模块，还可选择安装一个过程模块。各模块间只需要两根连接电缆，一根为安全信号传输电缆，另一根为以太网连接电缆，供模块间通信使用，模块连接简单易行。由于采用标准组件，用户不必担心设备淘汰问题，它能随着计算机处理技术的进步随时进行设备升级。

3. 示教器

示教器也称示教编程或示教盒，主要由液晶屏幕和操作按键组成，可由操作者手持移动。它是机器人的人机交互接口，机器人的所有操作基本上都是通过示教器来完成的，如点动机器人，编写、测试和运行机器人程序，设定、查阅机器人状态设置和位置等。示教时的数据流关系如图 1-2-11 所示。实际操作时，当用户按下示教器上的按键时，示教器通过线缆向主控计算机发出相应的指令代码（S0）；此时，主控计算机上负责串口通信的通信子模块接收指令代码（S1）；然后由指令解释模块分析判断该指令码，并进一步向相关模块发送与指令码相应的消息（S2），以驱动有关模块完成该指令码要求的具体功能（S3）；同时，为了让操作用户时刻掌握机器人的运动位置和各种状态信息，主控计算机的相关模块同时将状态信息（S4）经串口发送给示教器（S5），在液晶显示屏上显示，从而与用户沟通，完成数据的交换功能。因此，示教器实质上就是一个专用的智能终端。

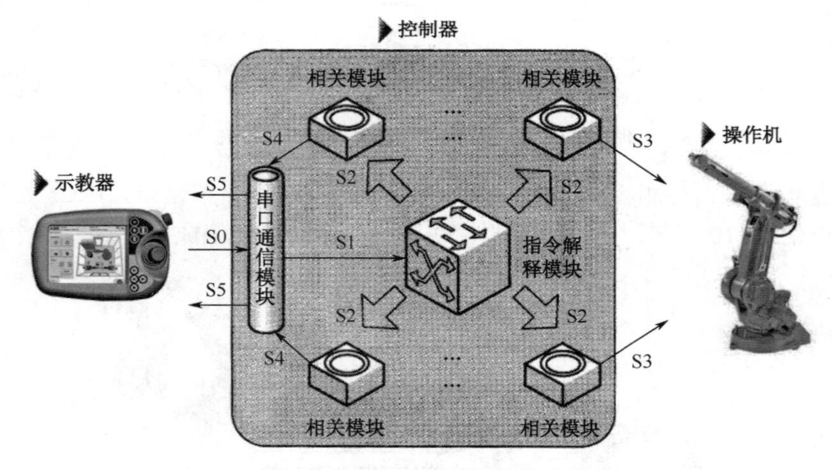

图 1-2-11　示教时的数据流关系

（1）示教器的组成

机器人示教器是一种手持式操作装置，用于执行与操作机器人系统有关的许多任务：编写程序、运行程序、修改程序、手动操纵、参数配置、监控机器人状态等。示教器包括使能器按钮、触摸屏、触摸笔、急停按钮、操纵杆和一些功能按钮，如图 1-2-12 所示。各部件的功能说明见表 1-2-2。

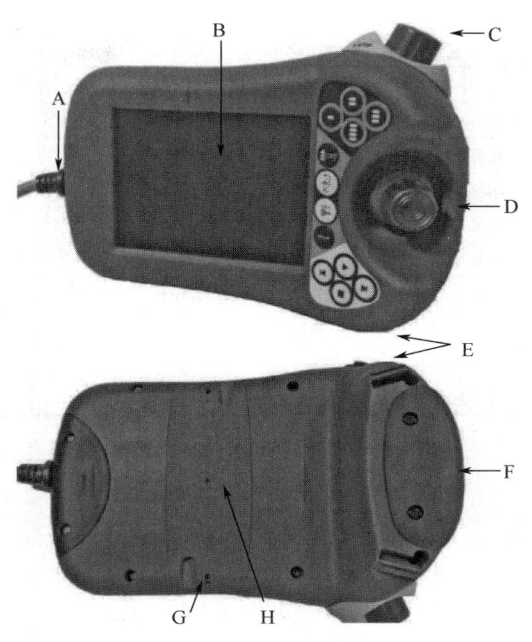

图 1-2-12　示教器结构示意图

表 1-2-2　示教器主要部件的功能说明

标　　号	部 件 名 称	说　　明
A	连接器	与机器人控制柜连接
B	触摸屏	机器人程序的显示和机器人状态的显示
C	急停按钮	紧急情况下停止机器人
D	操纵杆	控制机器人的各种运动，如轴运动、直线运动
E	USB 接口	将机器人程序复制到 U 盘或者将 U 盘的程序复制到示教器
F	使能器按钮	给机器人的 6 个电动机使能上电
G	触摸笔	与触摸屏配套使用
H	重置按钮	将示教器重置为出厂状态

示教器的功能按键如图 1-2-13 所示，其功能说明见表 1-2-3。

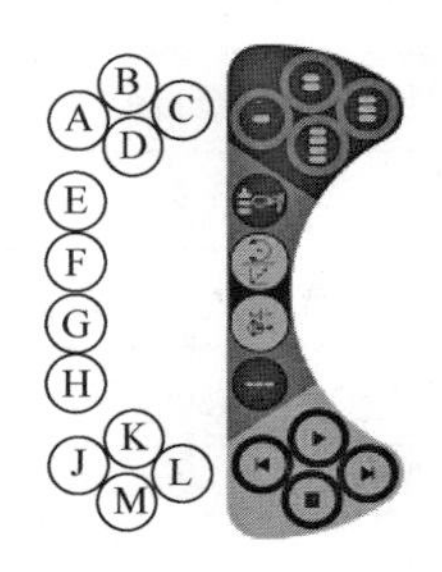

图 1-2-13　示教器的功能按键

表 1-2-3　示教器按键的功能说明

标　号	说　明
A～D	预设按键，可以根据实际需求设定按键功能
E	选择机械单元（用于多机器人控制）
F	切换运动模式，机器人重定位或者线性运动
G	切换运动模式，实现机器人的单轴运动，轴 1～3 或轴 4～6
H	切换增量控制模式，开启或者关闭机器人增量运动
J	后退按键，使程序逆向运动，程序运行到上一条指令
K	前进按键，使程序正向运动，程序运行到下一条指令
L	启动按键，机器人正向运行整个程序
M	暂停按钮，机器人暂停运行程序

（2）示教器的手持方式

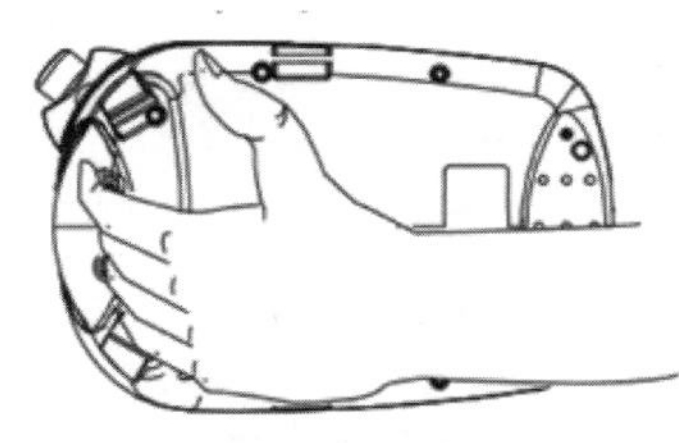

图 1-2-14　示教器的手持方式

示教器的手持方式如图 1-2-14 所示。用左手手持，4 指穿过张紧带，指头触摸使能器按钮，掌心与大拇指握紧示教器。

操作机器人示教器时，一般用左手持设备，手指握住使能器按钮。机器人使能器按钮有两个挡位，一挡使伺服上电，二挡使机器人处于防护装置停止状态。使用适当的力度握住使能器按钮才能给机器人使能上电。

二、工业机器人的技术指标

工业机器人的技术指标反映了机器人的适用范围和工作性能，是选择、使用机器人必须考虑的问题。尽管各机器人厂商所提供的技术指标不完全一样，机器人的结构、用途及用户的要求也不尽相同，但其主要技术指标一般均为自由度、工作空间、额定负载、最大工作速度和工作精度等。表 1-2-4 是工业机器人行业四大巨头的市场典型热销产品的主要技术参数。

表 1-2-4　工业机器人行业四巨头的典型热销产品参数

FANUCM-10iA	机械结构	6 轴垂直多关节型	最大速度	J1	210°/s
	最大负载	10kg		J2	190°/s
	工作半径	1420mm		J3	210°/s
	重复精度	±0.08mm		J4	400°/s
	安装方式	落地式、倒置式		J5	400°/s
	本体质量	130kg		J6	600°/s
动作范围	J1	340°	动作范围	J4	380°
	J2	250°		J5	380°
	J3	445°		J6	720°

续表

YASKWA MA1400	机械结构	6 轴垂直多关节型	最大速度	S 轴	220°/s
	最大负载	3kg		L 轴	220°/s
	工作半径	1434mm		U 轴	220°/s
	重复精度	±0.08mm		R 轴	410°/s
	安装方式	落地式、倒置式		B 轴	410°/s
	本体质量	130kg		T 轴	610°/s
动作范围	S 轴	-170°～+170°	动作范围	R 轴	-150°～+150°
	L 轴	-90°～+155°		B 轴	-45°～+180°
	U 轴	-175°～+190°		T 轴	-200°～+200°
ABB IRB1520	机械结构	6 轴垂直多关节型	最大速度	轴 1	130°/s
	最大负载	4kg		轴 2	140°/s
	工作半径	1500mm		轴 3	140°/s
	重复精度	±0.05mm		轴 4	320°/s
	安装方式	落地式、倒置式		轴 5	380°/s
	本体质量	170kg		轴 6	460°/s
动作范围	轴 1	±170°	动作范围	轴 4	±155°
	轴 2	-90°～+155°		轴 5	-90°～+135°
	轴 3	-100°～+80°		轴 6	±200°
KUKA KR5 arc	机械结构	6 轴垂直多关节型	最大速度	A1	154°/s
	最大负载	5kg		A2	154°/s
	工作半径	1411mm		A3	228°/s
	重复精度	±0.04mm		A4	343°/s
	安装方式	落地式、倒置式		A5	384°/s
	本体质量	127kg		A6	721°/s
动作范围	A1	±155°	动作范围	A4	±350°
	A2	-180°～+65°		A5	±130°
	A3	-15°～+158°		A6	±350°

1. 自由度

自由度是物体能够对坐标系进行独立运动的数目，末端执行器的动作不包括在内。通常作为机器人的技术指标，反映机器人动作的灵活性，可用轴的直线移动、摆动或旋转动作数目来表示。采用空间开链连杆机构的机器人，因每个关节运动副仅有一个自由度，所以机器人的自由度数就等于它的关节数。由于具有 6 个旋转关节的铰接开链式机器人从运动学上已证明能以最小的结构尺寸获取最大的工作空间，并且能以较高的位置精度和最优的路径到达指定位置，因而关节机器人在工业领域得到广泛的应用。目前，焊接和涂装作业机器人多为 6 或 7 自由度，而搬运、码垛和装配机器人多为 4～6 自由度。

2. 额定负载

额定负载也称持重。正常操作条件下，作用于机器人手腕末端，且不会使机器人性能降低的最大载荷。目前使用的工业机器人负载范围可从 0.5kg 直至 800kg。

3. 工作精度

机器人的工作精度主要指定位精度和重复定位精度。定位精度也称绝对精度，是指机器人末端执行器实际到达位置与目标位置之间的差异。重复定位精度简称重复精度，是指机器人重复定位其末端执行器于同一目标位置的能力。工业机器人具有绝对精度低，重复精度高的特点。一般而言，工业机器人的绝对精度要比重复精度低一到两个数量级，造成这种情况的主要原因是机器人控制系统根据机器人的运动学模型来确定机器人末端执行器的位置，然而这个理论上的模型和实际机器人的物理模型存在一定的误差，产生误差的因素主要有机器人本身的制造误差、工件加工误差，以及机器人与工件的定位误差等。目前，工业机器人的重复精度可达±0.01～±0.5mm。根据作业任务和末端持重的不同，机器人的重复精度亦要求不同，如表 1-2-5 所示。

表 1-2-5　工业机器人典型行业应用的工作精度

作业任务	额定负载/kg	重复定位精度/mm
搬运	5～200	±0.2～±0.5
码垛	50～800	±0.5
点焊	50～350	±0.2～±0.3
弧焊	3～20	±0.08～±0.1
涂装	5～20	±0.2～±0.5
装配	2～5	±0.02～±0.03
	6～10	±0.06～±0.08
	10～20	±0.06～±0.1

4. 工作空间

工作空间也称工作范围、工作行程。工业机器人在执行任务时，其手腕参考点所能掠过的空间，常用图形来表示，如图 1-2-15 所示。由于工作范围的形状和大小反映了机器人工作能力的大小，因而它对于机器人的应用十分重要。工作范围不仅与机器人各连杆的尺寸有关，还与机器人的总体结构有关。为了能真实反映机器人的特征参数，厂家所给出的工作范围一般指不安装末端执行器时可以到达的区域。应特别注意的是，在装上末端执行器后，需要同时保证工具姿态，实际的可达空间会比厂家给出的要小一层，需要认真地用比例作图法或模型法核算一下，以判断是否满足实际需要。目前，单体工业机器人本体的工作半径可达 3.5m 左右。

5. 最大工作速度

最大工作速度是指在各轴联动的情况下，机器人手腕中心所能达到的最大线速度。这在生产中是影响生产效率的重要指标。因生产厂家不同而标注不同，一般都会在技术参数中加以说明。很明显，最大工作速度越高，生产效率也就越高；然而，工作速度越高，对机器人最大加速度的要求也就越高。

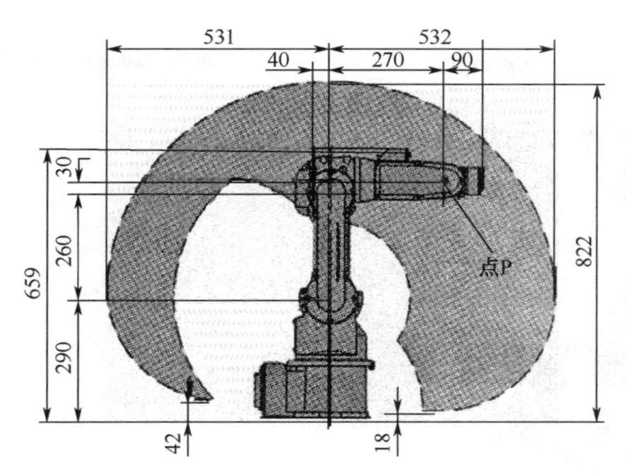

（a）垂直串联多关节机器人 MOTOMAN MH3F

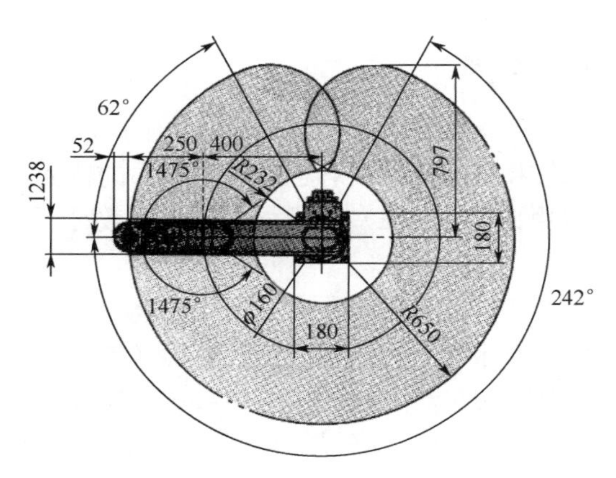

（b）水平串联多关节机器人 MOTOMAN MPP3S

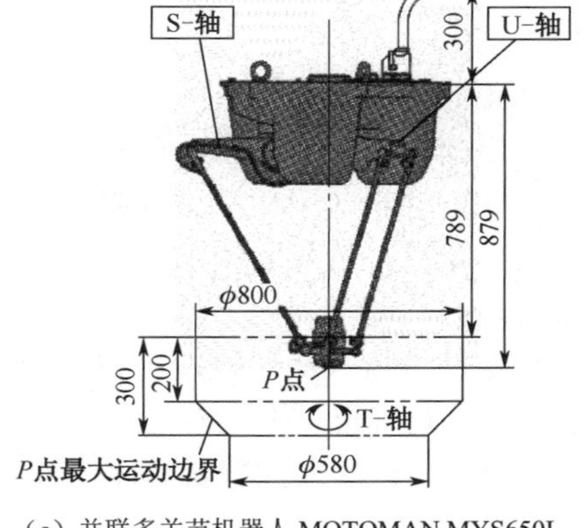

（c）并联多关节机器人 MOTOMAN MYS650L

图 1-2-15　不同本体结构 YASKAWA 机器人的工作范围

除上述五项技术指标外，还应注意机器人的控制方式、驱动方式、安装方式、存储容量、插补功能、语言转换、自诊断及自保护、安全保障功能等。

三、工业机器人的运动控制

1．机器人运动学问题

工业机器人操作机可看作是一个开链式多连杆机构，始端连杆就是机器人的基座，末端连杆与工具相连，相邻连杆之间用一个关节（轴）连接在一起，如图 1-2-16 所示。对于一个 6 自由度工业机器人，它由 6 个连杆和 6 个关节（轴）组成。编号时，基座称为连杆 0，不包含在这 6 个连杆内，连杆 1 与基座由关节 1 相连，连杆 2 通过关节 2 与连杆 1 相连，以此类推。

在操作机器人时，其末端执行器必须处于合适的空间位置和姿态（以下简称位姿），而这些位姿是由机器人若干关节的运动所合成的。可见，要了解工业机器人的运动控制，首先必须知道机器人各关节变量空间和末端执行器位姿之间的关系，即机器人运动学模型。一台机器人操作机的几何结构一旦确定，其运动学模型也即确定下来，这是机器人运动控制的基础。简而言之，在机器人运动学中存在以下两类基本问题。

（a）实物图

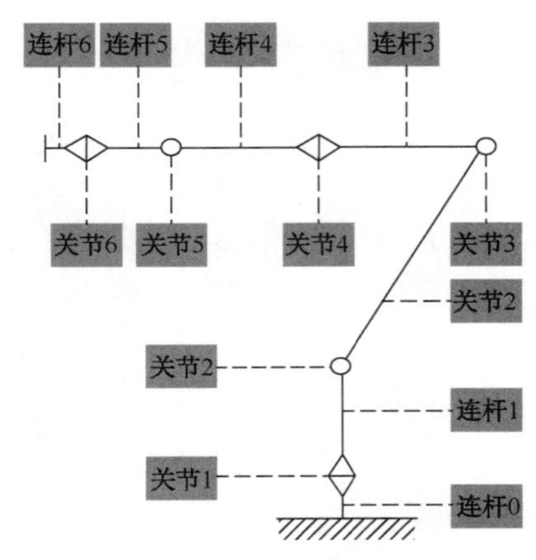

（b）结构简图

图 1-2-16　工业机器人操作机

（1）正向运动学问题

对给定的机器人操作机，已知各关节角矢量，求末端执行器相对于参考坐标系的位姿，称之为正向运动学（运动学正解或 Where 问题），如图 1-2-17（a）所示。机器人示教时，机器人控制器即逐点进行运动学正解运算。

（2）逆向运动学问题

对给定的机器人操作机，已知末端执行器在参考坐标系中的初始位姿和目标（期望）位姿，求各关节角矢量，称之为逆向运动学（运动学逆解或 How 问题），如图 1-2-17（b）所示。机器人再现时，机器人控制器即逐点进行运动学逆解运算，并将角矢量分解到操作机各关节。

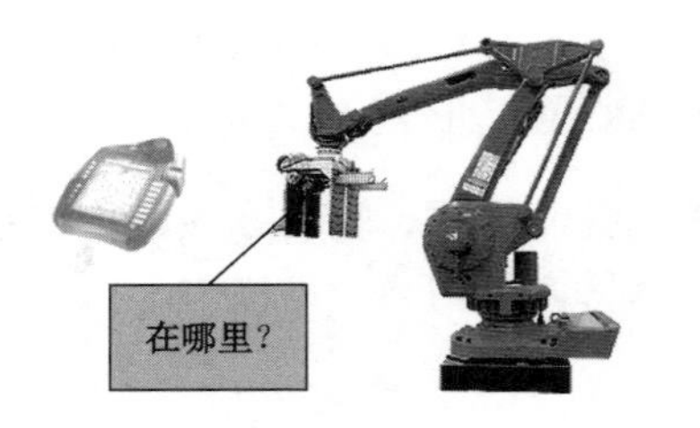

（a）正向运动学问题（示教）

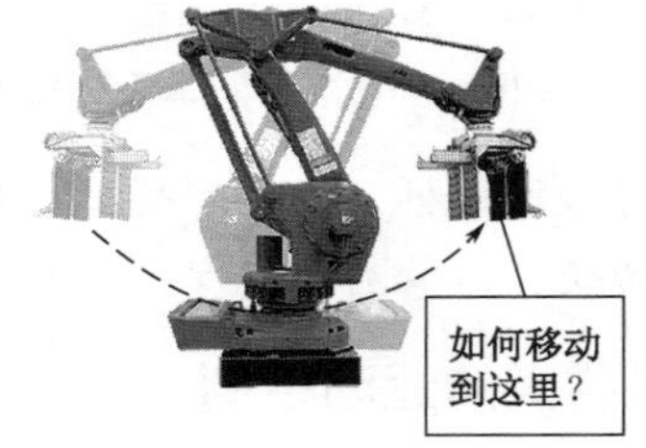

（b）逆向运动学问题（再现）

图 1-2-17　机器人运动学问题

2．机器人的点位运动和连续路径运动

实际上，工业机器人的很多作业实质是控制机器人末端执行器的位姿，以实现点位运动或连续路径运动。

（1）点位运动（Point to Point，PTP）

点位运动只关心机器人末端执行器运动的起点和目标点位姿，而不关心这两点之间的运动轨迹。点位运动比较简单，比较容易实现。例如，在图 1-2-18 中，倘若要求机器人末端执行器由 *A* 点 PTP 运动到 *B* 点，那么机器人可沿①～③中的任一路径运动。该运动方式可完成无障碍条件下的点焊、搬运等作业操作。

（2）连续路径运动（Continuous Path，CP）

连续路径运动不仅关心机器人末端执行器达到目标点的精度，而且必须保证机器人能沿所期望的轨迹在一定精度范围内重复运动。例如，在图 1-2-18 中，倘若要求机器人末端执行器由 *A* 点直线运动到 *B* 点，那么机器人仅可沿路径②移动。该运动方式可完成机器人弧焊、涂装等操作。

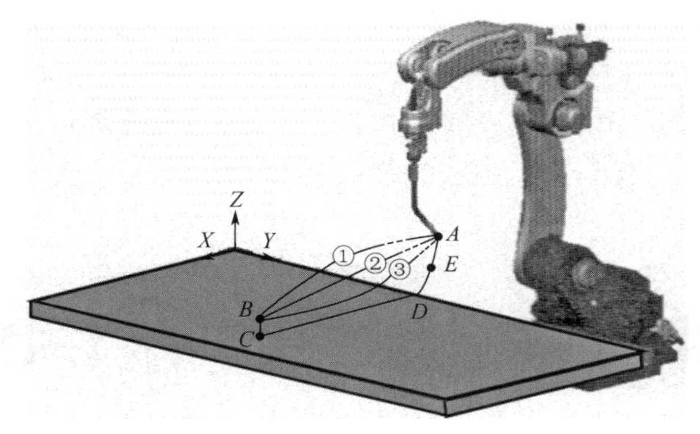

图 1-2-18　工业机器人 PTP 运动和 CP 运动

机器人连续路径运动的实现是以点位运动为基础的，通过在相邻两点之间采用满足精度要求的直线或圆弧轨迹插补运算即可实现轨迹的连续变化。机器人再现时，主控制器（上位机）从存储器中逐点取出各示教点空间位姿坐标值，通过对其进行直线或圆弧插补运算，生成相应路径规划，然后把各插补点的位姿坐标值通过运动学逆解运算转换成关节角度值，分送机器人各关节或关节控制器（下位机），如图 1-2-19 所示。由于绝大多数工业机器人是关节式运动形式，很难直接检测机器人末端的运动，只能对各关节进行控制，属于半闭环系统。

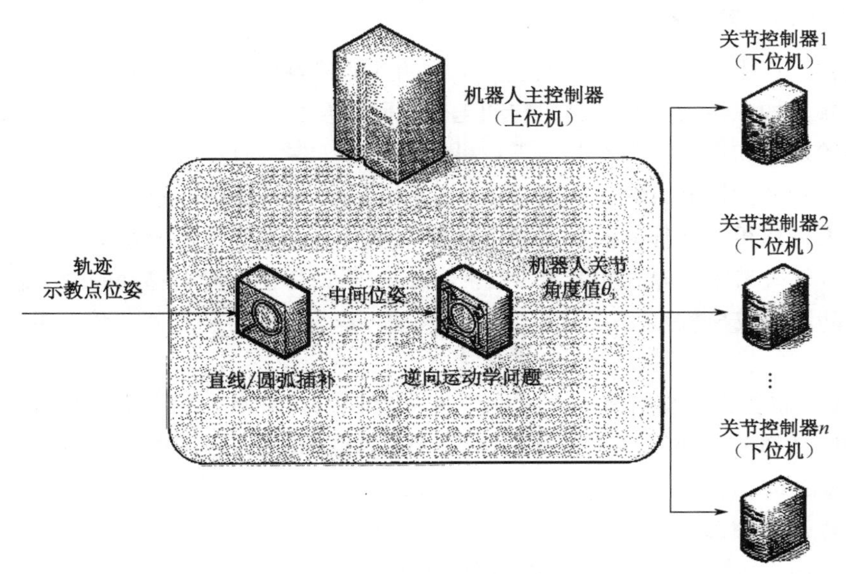

图 1-2-19　工业机器人的连续路径运动

3．机器人的位置控制

工业机器人控制方式有不同的分类，如按被控对象不同可分为位置控制、速度控制、加速度控制、力控制、力矩控制、力和位置混合控制等，而实现机器人的位置控制是工业机器人的基本控制任务。由于机器人是由多轴（关节）组成的，每轴的运动都将影响机器人末端执行器的位姿。如何协调各轴的运动，使机器人末端执行器完成作业要求的轨迹，是需要解决的问题。关节控制器（下位机）是执行计算机，负责伺服电动机的闭环控制及实现所有关节的动作协调。它在接收主控制器（上位机）送来的各关节下一步期望达到的位姿后，再做一次均匀细分，以使运动轨迹更为平滑。然后将各关节下一细步期望值逐点送给驱动电动机，同时检测光电码盘信号，直至准确到位，如图 1-2-20 所示。

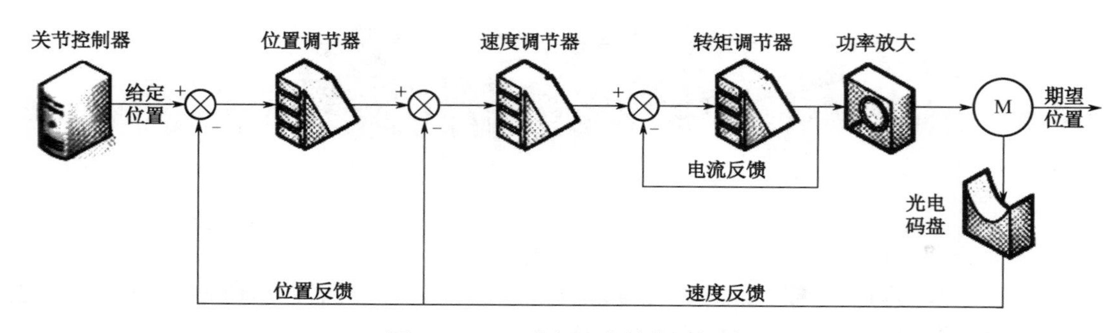

图 1-2-20　工业机器人的位置控制

四、机器人运动轴与坐标系

1．机器人运动轴的名称

工业机器人在生产中的应用，除了其本身的性能特点要满足作业外，一般还需要配套相应的外围设备，如工件的工装夹具，转动工件的回转台、翻转台，移动工件的移动台等。这些外围设备的运动和位置控制都要与工业机器人配合，并具有相应的精度。通常机器人运动轴按其功能可划分为机器人轴、基座轴和工装轴，统称为外部轴，如图 1-2-21 所示。机器人轴是指机器人操作机（本体）的轴，属于机器人本身，如前面任务所述，目前商用工业机器人大多采用 6 轴关节型机器人如图 1-2-22 所示。基座轴是使机器人移动的轴的总称，主要指行走轴（移动滑台或导轨）；工装轴是除机器人轴、基座轴以外的轴的总称，指使工件、工装夹具翻转和回转的轴，如回转台、翻转台等。

6 轴关节型机器人操作机有 6 个可活动的关节（轴）。由图 1-2-22 中可看出，KUKA 机器人 6 轴分别定义为 A1、A2、A3、A4、A5 和 A6；而 ABB 机器人则定义为轴 1、轴 2、轴 3、轴 4、轴 5 和轴 6。其中，A1、A2 和 A3（轴 1、轴 2 和轴 3）三轴称为基本轴或主轴，用于保证末端执行器达到工作空间的任意位置；A4、A5 和 A6（轴 4、轴 5 和轴 6）三轴称为腕部轴或次轴，用于实现末端执行器的任意空间姿态。

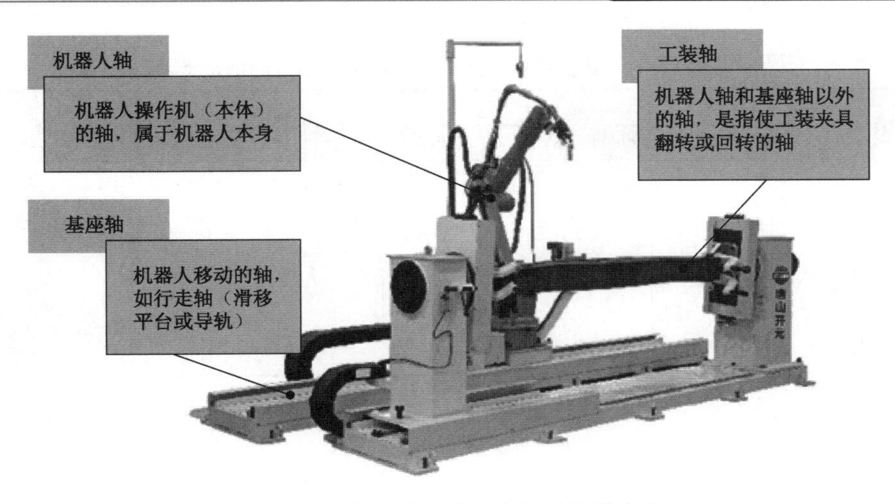

图 1-2-21　机器人系统中各运动轴的定义

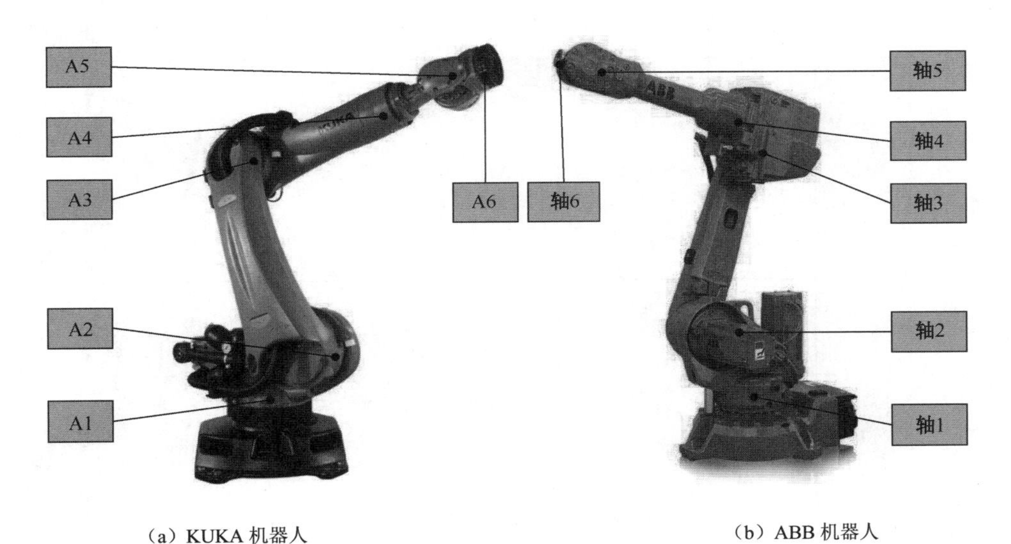

（a）KUKA 机器人　　（b）ABB 机器人

图 1-2-22　典型机器人操作机运动轴的定义

2．机器人坐标系的种类

工业机器人的运动实质是根据不同作业内容、轨迹等的要求，在各种坐标系下的运动。也就是说，对机器人进行示教或手动操作时，其运动方式是在不同的坐标系下进行的。目前，在大部分工业机器人系统中，均可使用关节坐标系、直角坐标系、工具坐标系和用户坐标系，而工具坐标系和用户坐标系同属于直角坐标系范畴。

（1）关节坐标系

在关节坐标系下，机器人各轴均可实现单独正向或反向运动。对于大范围运动且不要求 TCP 姿态的，可选择关节坐标系。各轴动作见表 1-2-6。

表 1-2-6　工业机器人行业四大巨头本体运动轴定义

轴类型	轴名称				动作说明	动作图示
	ABB	FANUC	YASKAWA	KUKA		
主轴（基本轴）	轴 1	J1	S 轴	A1	本体回转	
	轴 2	J2	L 轴	A2	大臂运动	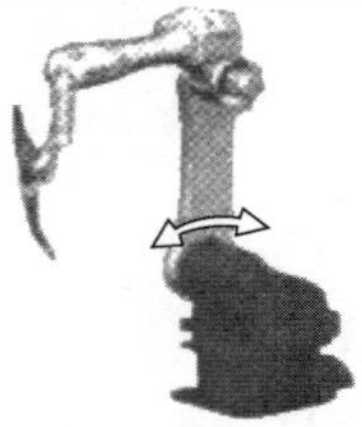
	轴 3	J3	U 轴	A3	小臂运动	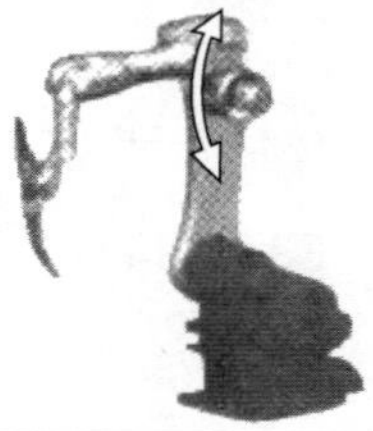
次轴（腕部轴）	轴 4	J4	R 轴	A4	手腕旋转运动	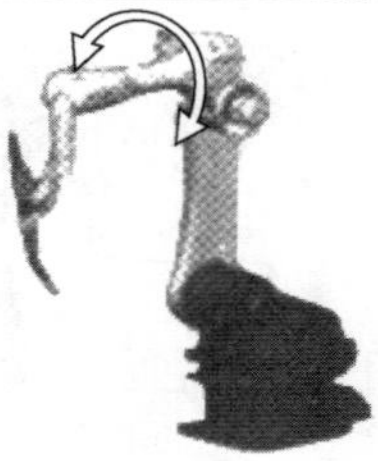
	轴 5	J5	B 轴	A5	手腕上下摆运动	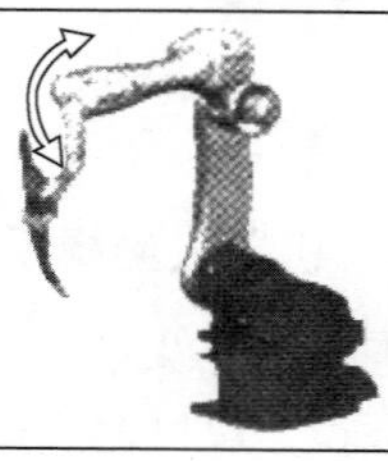
	轴 6	J6	T 轴	A6	手腕圆周运动	

【提示】TCP（Tool Centre Point）为机器人系统的控制点，出厂时默认位于最后一个运动轴或安装法兰的中心。安装工具后，TCP 将发生变化。为实现精确运动控制，当换装工具或发生工具碰撞时，皆须进行 TCP 标定。有关如何进行 TCP 标定操作，请参考本任务的知识拓展内容。

（2）直角坐标系

直角坐标系（世界坐标系、大地坐标系）是机器人示教与编程时经常使用的坐标系之一。直角坐标系的原点定义在机器人安装面与第一转轴的交点处，*X* 轴向前，*Z* 轴向上，*Y* 轴按右手法则确定，如图 1-2-23 所示。在直角坐标系中，不管机器人处于什么位置，TCP 均可沿设定的 *X* 轴、*Y* 轴、*Z* 轴平行移动。各轴的动作情况可参照表 1-2-7。

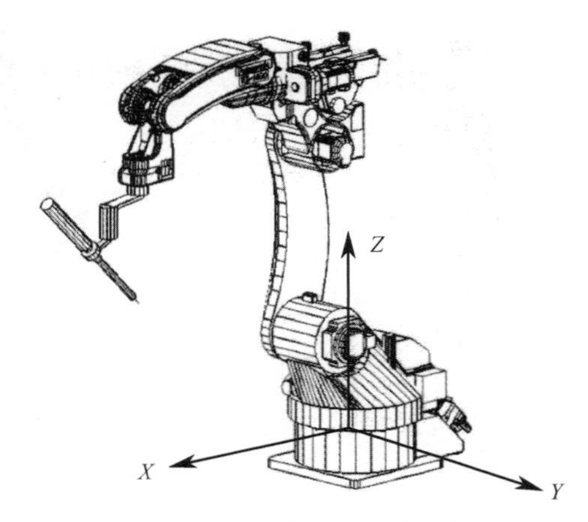

图 1-2-23　直角坐标系原点

表 1-2-7　工业机器人在直角坐标系下的各轴动作

轴类型	轴名称	动作说明	动作图示	轴类型	轴名称	动作说明	动作图示
主轴（基本轴）	X 轴	沿 *X* 轴平行移动		次轴（腕部轴）	U 轴	绕 *Z* 轴旋转	Z X Y
	Y 轴	沿 *Y* 轴平行移动			V 轴	绕 *Y* 轴旋转	Z X Y
	Z 轴	沿 *Z* 轴平行移动			W 轴	绕末端工具所指方向旋转	Y Z X

（3）工具坐标系

工具坐标系的原点定义在 TCP 处，并且假定工具的有效方向为 *X* 轴（有些机器人厂商将工具的有效方向定义为 *Z* 轴），而 *Y* 轴、*Z* 轴由右手法则确定，如图 1-2-24 所示。工具坐标系的方向随腕部的移动而发生变化，与机器人的位姿无关。因此，在进行相对于工件不改变工具姿态的平移操作时，选用该坐标系最为适宜。在工具坐标系中，TCP 将沿工具坐标系的 *X*、*Y*、*Z* 轴方向运动。各轴动作可参照表 1-2-8。

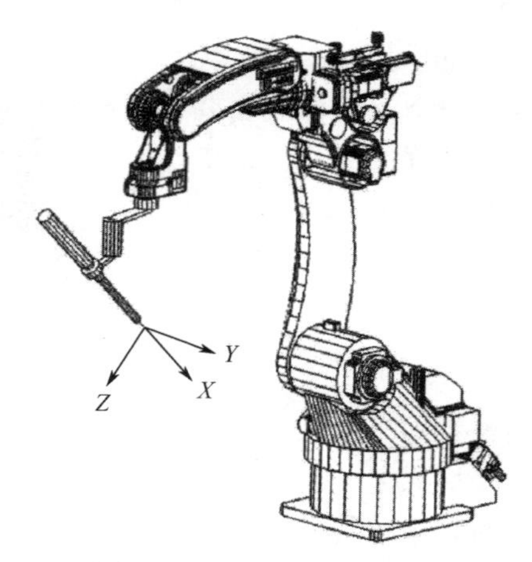

图 1-2-24　工具坐标系原点

表 1-2-8　工业机器人在工具坐标系下的各轴动作

轴类型	轴名称	动作说明	动作图示	轴类型	轴名称	动作说明	动作图示
主轴（基本轴）	X 轴	沿 X 轴平行移动		次轴（腕部轴）	Rx 轴	绕 X 轴旋转	
	Y 轴	沿 Y 轴平行移动			Ry 轴	绕 Y 轴旋转	
	Z 轴	沿 Z 轴平行移动			Rz 轴	绕 Z 轴旋转	

（4）用户坐标系

为作业示教方便，用户自行定义的坐标系即用户坐标系，如工作台坐标系和工件坐标系，且可根据需要定义多个用户坐标系。如图 1-2-25 所示。当机器人配备多个工作台时，选择用户坐标系可使操作更为简单。在用户坐标系中 TCP 沿用户自定义的坐标轴方向运动。各轴动作可参照表 1-2-9。

【提示】（1）不同的机器人坐标系功能等同，即机器人在关节坐标系下完成的动作，同样可在直角坐标系下实现。

（2）机器人在关节坐标系下的动作是单轴运动，而在直角坐标系下则是多轴联动，如图 1-2-26 所示。除关节坐标系以外，其他坐标系均可实现控制点不变动作（只改变工具姿态而不改变 TCP 位置）。在进行机器人 TCP 标定时经常用到。

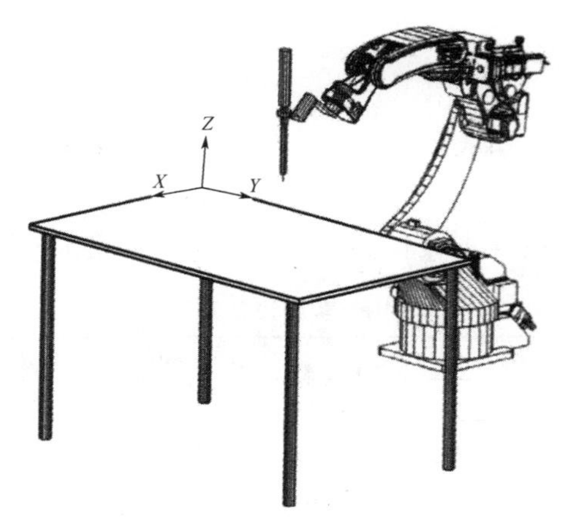

图 1-2-25　用户坐标系原点

表 1-2-9　工业机器人在用户坐标系下的各轴动作

轴类型	轴名称	动作说明	动作图示	轴类型	轴名称	动作说明	动作图示
主轴（基本轴）	X 轴	沿 *X* 轴平行移动	Z X Y	次轴（腕部轴）	Rx 轴	绕 *X* 轴旋转	Z X Y
	Y 轴	沿 *Y* 轴平行移动	Z X Y		Ry 轴	绕 *Y* 轴旋转	Z X
	Z 轴	沿 *Z* 轴平行移动	Z X Y		Rz 轴	绕 *Z* 轴旋转	Z X Y

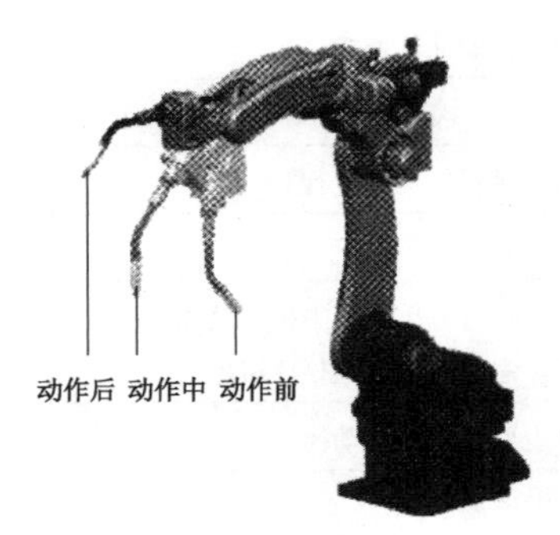

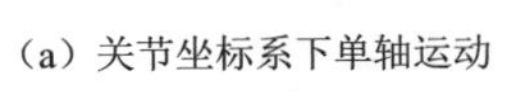

（a）关节坐标系下单轴运动

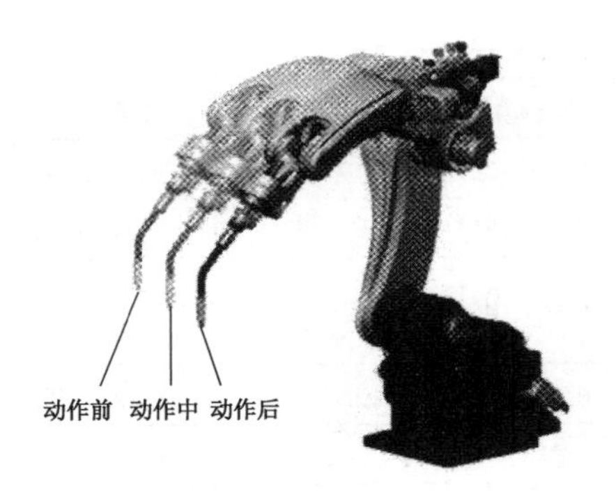

（b）直角坐标系下多轴协调运动

图 1-2-26　机器人单轴和多轴协调运动

一、任务准备

实施本任务教学所使用的实训设备及工具材料可参考表 1-2-10。

表 1-2-10　实训设备及工具材料

序　号	分　类	名　称	型号规格	数　量	单　位	备　注
1	工具	电工常用工具		1	套	
2	设备器材	6 轴机器人本体	ABB	1	台	
3		控制柜	IRC5	1	套	
4		示教器		1	套	
5		示教器电缆		1	根	
6		机器人动力电缆		1	根	
7		机器人编码器电缆		1	要	

二、认识机器人控制柜

图 1-2-27　IRC5 控制柜

本任务采用 ABB 公司生产的 IRC5 控制电柜，如图 1-2-27 所示。IRC5 以先进动态建模技术为基础，对机器人性能实施自动优化，大幅提升了 ABB 机器人执行任务的效率。IRC5 控制柜包括开关按钮、模式切换按钮、I/O 输入/输出板、动力电缆、编码器电缆、示教器电缆、通信电缆等。机器人的运动算法全部集成在控制柜里面，实现强大的数据运算和各种运行逻辑的控制。IRC5 控制柜部件的功能说明见表 1-2-11。

表 1-2-11　IRC5 控制柜部件的功能说明

标　号	部件名称	说　明
1	机器人示教器电缆接口	示教器与机器人控制柜的通信连接
2	机器人 I/O 端子排	机器人 I/O（输入/输出）接口，与外部进行 I/O 通信
3	自动/手动钥匙旋钮	用于切换机器人自动运行与手动运行
4	机器人急停按钮	机器人的紧急制动
5	机器人抱闸按钮	按下该按钮后机器人的所有关节失去抱闸功能，便于拖动示教机器人或拖动机器人离开碰撞点，避免二次碰撞损坏机器人
6	机器人伺服上电按钮	机器人伺服上电（主要应用于自动模式）
7	机器人电源开关	控制机器人设备电源的通断
8	机器人编码器电缆接口	机器人 6 轴伺服电机编码器的数据传输
9	机器人动力电缆接口	机器人伺服电动机的动力供应

三、工业机器人系统的启动

1．工业机器人系统的连接

按照图 1-2-28 所示的工业机器人系统的接线图进行工业机器人系统的连接。

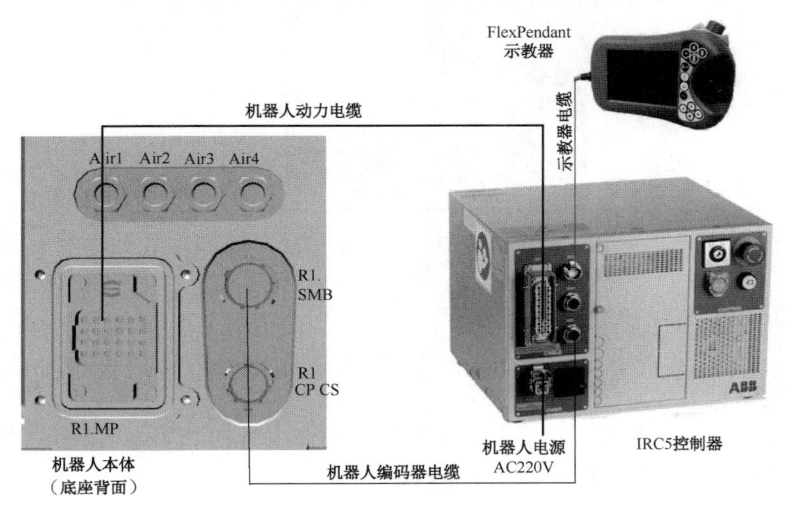

图 1-2-28　工业机器人系统的接线图

2．系统的启动

（1）系统接线无误后，在指导教师的许可下接通系统电源，将操作控制台的“电源断路器”往上打，开启电源；松开“急停按钮”后，再将控制台的“上电/断电”旋钮开关旋转到左边上电状态，如图 1-2-29 所示。

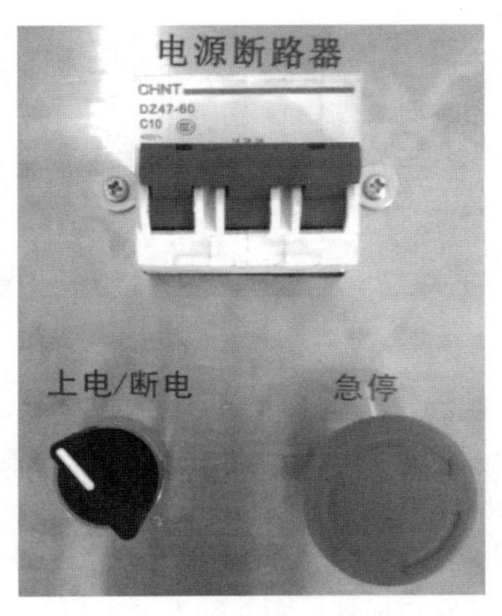

图 1-2-29　操作控制台电源操作面板

（2）将机器人控制柜背面的电源开关按控制器上的指示置于上电状态（即从 OFF 旋转到 ON），机器人系统开机完成，如图 1-2-30 所示。

图 1-2-30　控制柜电源操作面板（背面）

四、手动操纵工业机器人

1．单轴运动控制

（1）左手持机器人示教器，右手单击示教器界面左上角的“≡∨”按钮，打开 ABB 菜单栏；单击“手动操纵”，进入手动操纵界面，如图 1-2-31 所示。

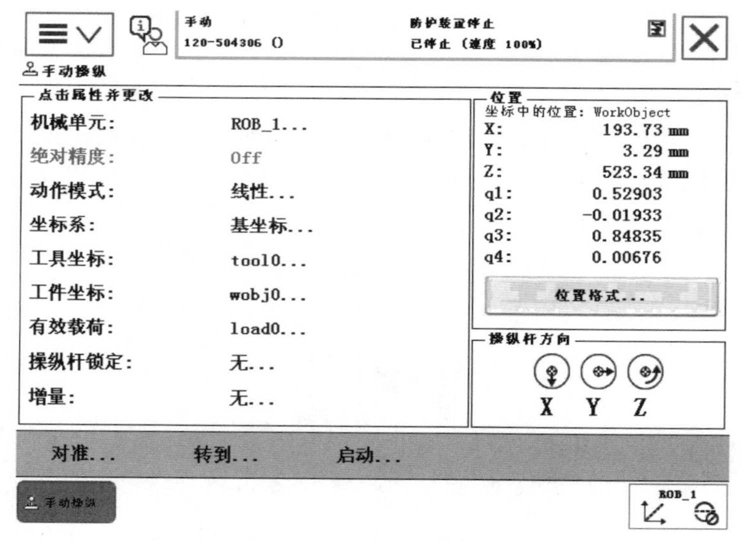

图 1-2-31　手动操纵界面

（2）单击“动作模式”，进入动作模式选择界面。选择“轴 1-3”，单击“确定”按钮，将动作模式设置为轴 1-3，如图 1-2-32 所示。

（3）移动如图 1-2-32 中所示的操纵杆，发现左右摇杆控制 1 轴左右运动，前后摇杆控制 2 轴上下运动，逆时针或顺时针旋转摇杆控制 3 轴上下运动。

（4）单击“动作模式”，进入动作模式选择界面。选择“轴 4-6”，单击“确定”按钮，将动作模式设置为轴 4-6，如图 1-2-33 所示。

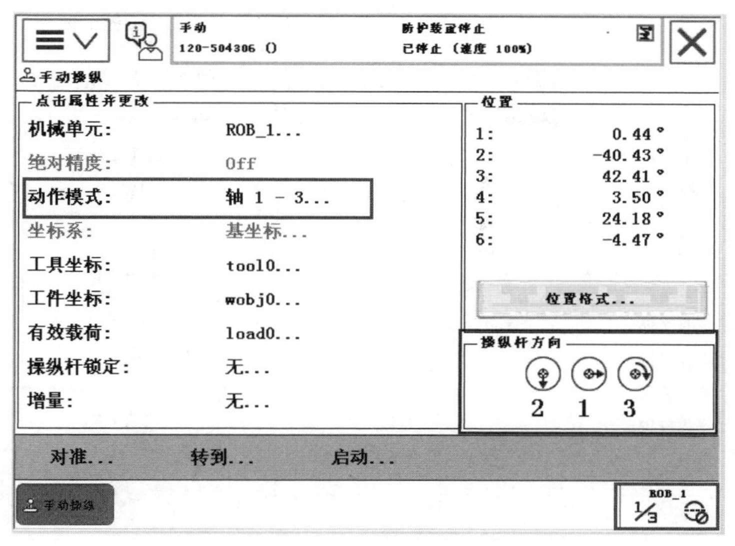

图 1-2-32　动作模式设置为轴 1-3

图 1-2-33　动作模式设置为轴 4-6

（5）移动如图 1-2-33 中所示的操纵杆，发现左右摇杆控制 4 轴左右运动，前后摇杆控制 5 轴上下运动，逆时针或顺时针旋转摇杆控制 6 轴逆时针或顺时针运动。

【提示】轴切换技巧：示教器上的按键能够完成“轴 1-3”和“轴 4-6”的切换。

2. 线性运动与重定位运动控制

（1）单击“动作模式”，进入动作模式选择界面。选择“线性”，单击“确定”按钮，将动作模式设置为线性运动，如图 1-2-34 所示。

（2）移动如图 1-2-34 中所示的操纵杆，发现左右摇杆控制机器人法兰中心左右运动，前后摇杆控制机器人法兰中心前后运动，逆时针或顺时针旋转摇杆控制机器人法兰中心上

下运动。

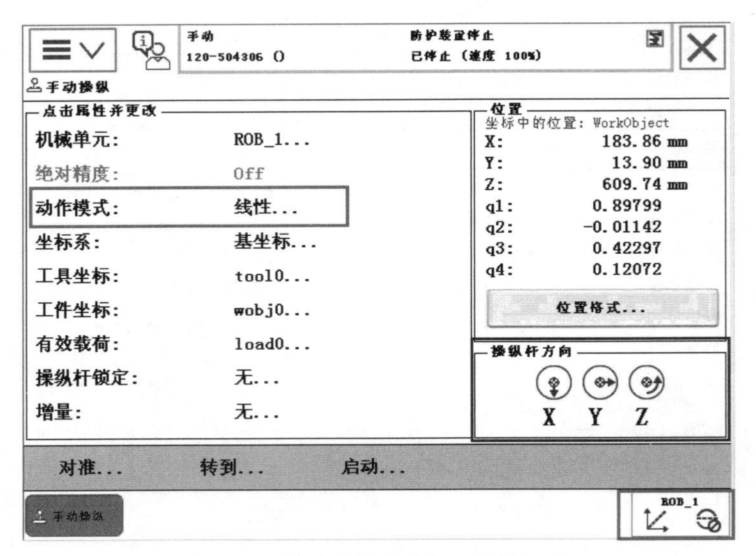

图 1-2-34　动作模式设置为线性运动

（3）单击“动作模式”，进入动作模式选择界面。选择“重定位”，单击“确定”按钮，将动作模式设置为重定位运动，如图 1-2-35 所示。

图 1-2-35　动作模式设置为重定位

（4）移动如图 1-2-35 中所示的操纵杆，发现机器人围绕着法兰盘中心运动。

对任务实施的完成情况进行检查，并将结果填入表 1-2-12。

表 1-2-12　任务测评表

序号	主要内容	考核要求	评分标准	配分	扣分	得分
1	认识控制柜	正确描述控制柜的组成及各部件的功能说明	1. 说出控制柜的组成，有错误或遗漏，每处扣 5 分 2. 描述控制柜部件的功能有错误或遗漏，每处扣 5 分	20		
2	机器人系统启动	正确连接工业机器人控制系统，并能完成系统的启动	1. 系统接线有错误或遗漏，每处扣 5 分 2. 未能启动系统，每处扣 10 分	20		
3	手动操纵工业机器人	1.单轴运动控制 2.线性运动与重定位运动控制	1. 不能完成单轴运动控制，扣 10 分 2. 不能完成线性运动控制，扣 10 分 3. 不能完成重定位运动控制，扣 10 分 4. 不能根据控制要求完成工业机器人手动操纵操作，扣 20 分	50		
4	安全文明生产	劳动保护用品穿戴整齐；遵守操作规程；讲文明礼貌；操作结束要清理现场	1. 操作中，违反安全文明生产考核要求的任何一项扣 5 分，扣完为止 2. 当发现学生有重大事故隐患时，要立即予以制止，并每次扣安全文明生产分 5 分	10		
合　计						
开始时间：			结束时间：			

模块二 工业机器人示教编程与操作

任务1　工业机器人工具坐标系的标定与测试

学习目标

✧ 知识目标

1. 掌握ABB工业机器人TCP（工具中心点）的定义。
2. 熟悉ABB工业机器人TCP的建立方法。
3. 掌握ABB工业机器人重定位测试方法。
4. 掌握ABB工业机器人LoadIdentify功能。

✧ 能力目标

1. 能够熟练调节工业机器人的位置与姿态。
2. 能完成绘图笔夹具的TCP设定。
3. 会进行绘图笔重定位测试。
4. 会自动测量工具的质量和重心。

工作任务

如图2-1-1所示是一个工业机器人TCP单元工作站，其TCP单元结构示意图如图2-1-2所示。本任务采用示教编程的方法，操作机器人实现TCP单元中A4纸的运动轨迹的示教。

具体控制要求如下：

1. 利用TCP定位工具建立绘图笔的工具中心点。
2. 使用重定位功能实现绘图笔TCP的姿态变化。
3. 调用LoadIdentify例行程序自动识别工具质量和重心。

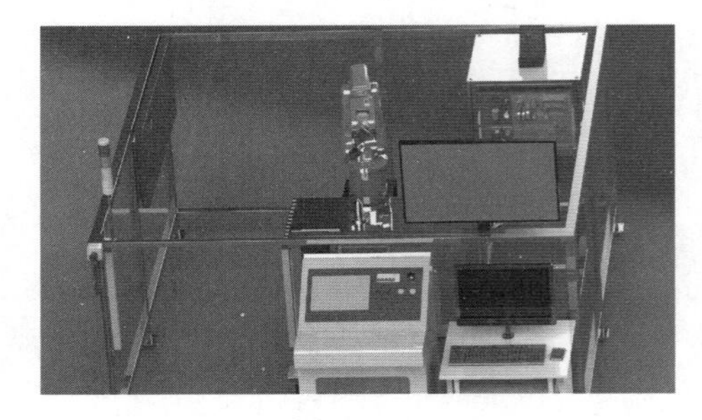

图2-1-1　工业机器人TCP单元工作站

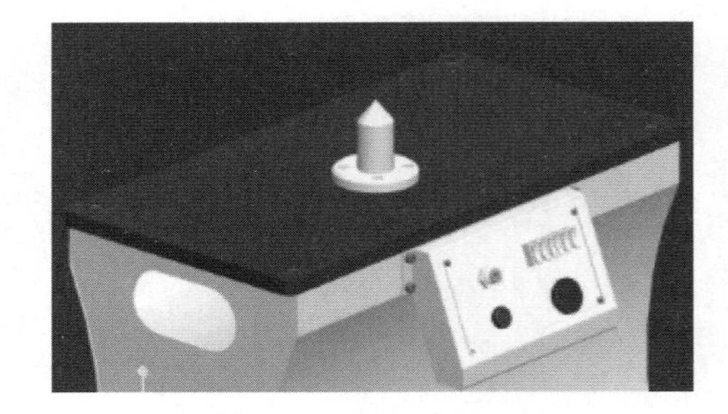

图2-1-2　TCP单元结构示意图

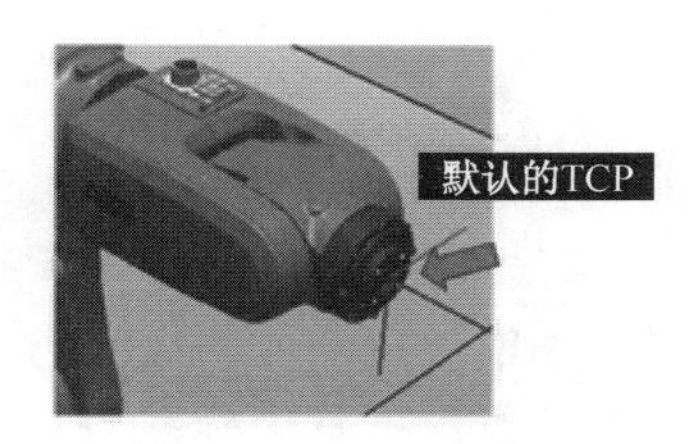

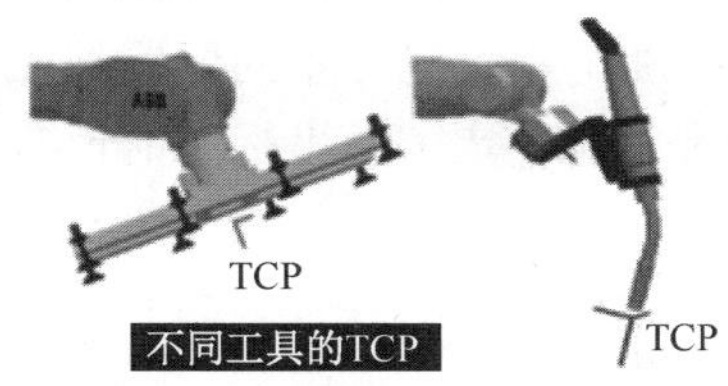

图 2-1-3　常见工具的 TCP

相关知识

一、工具数据的定义

工具数据（TOOLDATA）用于描述安装在机器人第六轴上的工具的 TCP、质量、重心等参数数据。执行程序时，机器人将 TCP 移至编程位置，程序中所描述的速度与位置就是 TCP 在对应工件坐标系的速度与位置。所有机器人在手腕处都有一个预定义的工具坐标系，该坐标系被称为 tool0。这样就能将一个或多个新工具坐标系定义为 tool0 的偏移值。如图 2-1-3 所示是常见工具的 TCP。

二、机器人 TCP（工具中心点）的标定

工业机器人是通过在末端安装不同的工具完成各种作业任务的。要想让机器人正常作业，就要让机器人末端工具能够精确地达到某一确定位姿，并能够始终保持这一状态。从机器人运动学角度理解，就是在工具中心点（TCP）固定一个坐标系，控制其相对于机器人坐标系或世界坐标系的姿态，此坐标系称为末端执行器坐标系（Tool/Terminal Control Frame，TCF），也就是工具坐标系。因此，工具坐标系的准确度直接影响机器人的轨迹精度。默认工具坐标系的原点位于机器人安装法兰的中心，当装接不同的工具（如焊枪）时，工具需获得一个用户定义的直角坐标系，其原点在用户定义的参考点（TCP）上，如图 2-1-4 所示，这一过程的实现就是工具坐标系的标定。它是机器人控制器所必须具备的一项功能。

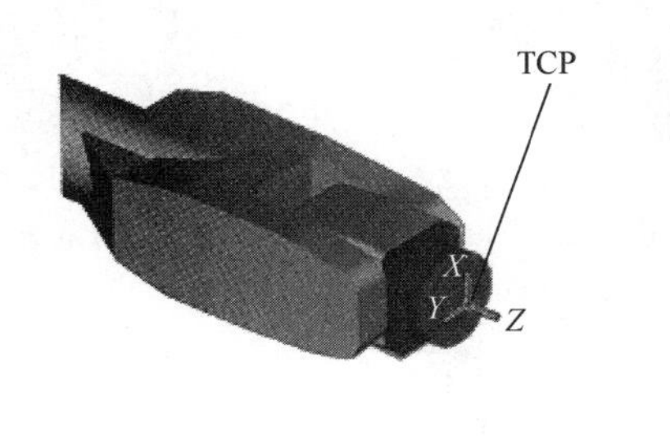

（a）TCP 未标定

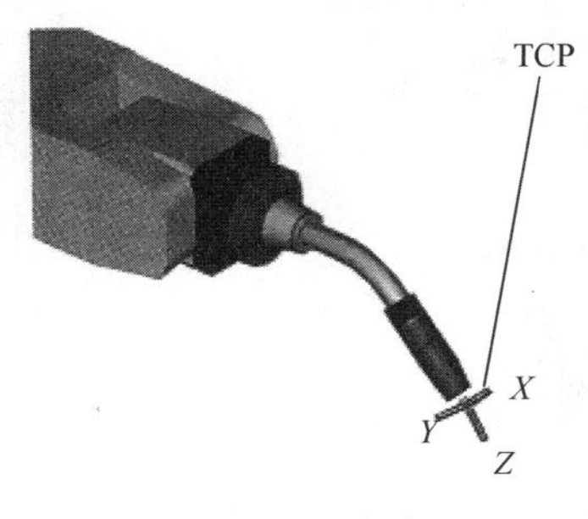

（b）TCP 标定

图 2-1-4　机器人工具坐标系的标定

机器人工具坐标系的标定是指将工具中心点（TCP）的位置和姿态告诉机器人，指出它们与机器人末端关节坐标系的关系。目前，机器人工具坐标系的标定方法主要有外部基准标定法和多点标定法。

1．外部基准标定法

外部基准标定法只需要使工具对准某一测定好的外部基准点，便可能完成标定，标定过程快捷简便。但这类标定方法依赖于机器人外部基准。

2. 多点标定法

大多数工业机器人都具备工具坐标系多点标定功能。这类标定包含工具中心点（TCP）位置多点标定和工具坐标系（TCF）姿态多点标定。TCP 位置多点标定是使几个标定点 TCP 位置重合，从而计算出 TCP，即工具坐标系原点相对于末端关节坐标系的位置，如四点法；而 TCF 姿态多点标定是使几个标定点之间具有特殊的方位关系，从而计算出工具坐标系相对于末端关节坐标系的状态，如五点法（在四点法的基础上，除能确定工具坐标系的位置外还能确定工具坐标系的 *Z* 轴方向）、六点法（在四点、五点的基础上，能确定工具坐标系的位置和工具坐标系 *X*、*Y*、*Z* 三轴的姿态）。

为获得准确的 TCP，下面以六点法为例进行操作。

（1）在机器人动作范围内找一个非常精确的固定点作为参考点。

（2）在工具上确定一个参考点（最好是工具中心点 TCP）。

（3）按之前介绍的手动操纵机器人的方法移动工具参考点，以四种不同的工具姿态尽可能与固定点刚好接触上。第四点是工具的参考点垂直于固定点的点，第五点是工具参考点从固定点向将要设定的 TCP 的 *X* 方向移动中的某点，第六点是工具参考点从固定点向将要设定的 TCP 的 *Z* 轴方向移动中的某点，如图 2-1-5 所示。

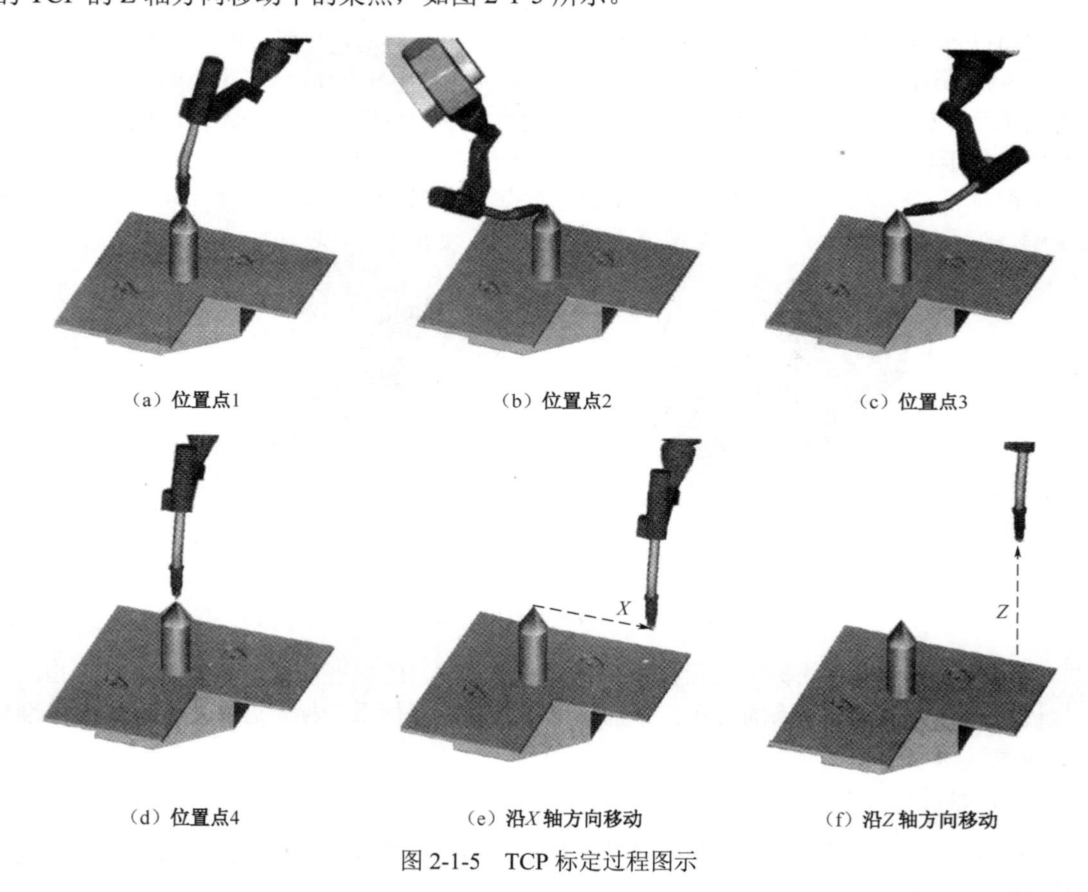

（a）位置点1　（b）位置点2　（c）位置点3

（d）位置点4　（e）沿*X*轴方向移动　（f）沿*Z*轴方向移动

图 2-1-5　TCP 标定过程图示

（4）机器人控制柜通过前 4 个点的位置数据即可计算出 TCP 的位置，通过后 2 个点即可

确定 TCP 的姿态。

（5）根据实际情况设定工具的质量和重心位置数据。

【提示】

（1）TCP 标定操作要以次轴（腕部轴）为主。

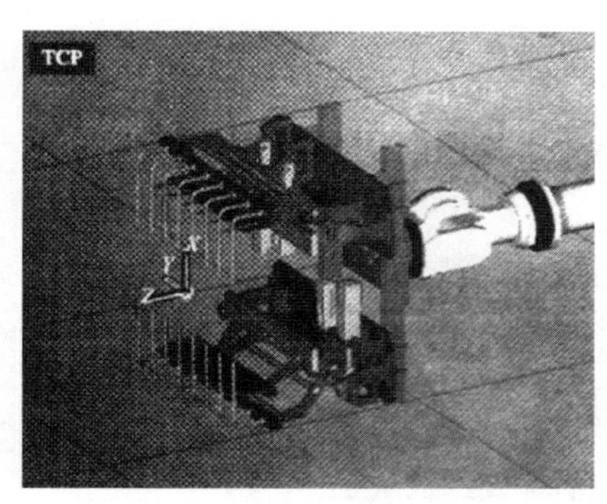

图 2-1-6　夹紧爪 TCP 标定图示

（2）在参考点附近要降低速度，以免相撞。

（3）TCP 标定后，可通过在关节坐标系以外的坐标系中，进行控制点不变动的作业，来检验标定效果。如果 TCP 设定精确的话，可以看到工具参考点与固定点始终保持接触，而机器人仅改变工具参考点姿态。

如果使用搬运类的夹具，一般 TCP 的设定方法为：以图 2-1-6 所示的搬运物料袋的夹紧爪为例，其结构对称，仅重心在默认工具坐标系的 Z 方向偏移一定距离，此时可以在设置页面直接手动输入偏移量、质量数据即可。

一、任务准备

实施本任务教学所使用的实训设备及工具材料可参考表 2-1-1。

表 2-1-1　实训设备及工具材料

序　号	分　类	名　称	型号规格	数　量	单　位	备　注
1	工具	内六角扳手	4.0mm	1	个	工具墙
2	设备器材	内六角螺丝	M5	4	颗	工具墙黄色盒
3		TCP 定位器		1	个	物料间领料
4		绘图笔夹具		1	个	物料间领料

二、TCP 单元的安装

在 TCP 单元的四个方向上有用于安装固定的螺丝孔，把 TCP 模块放置到模块承载平台上，用 M5 内六角螺丝将其固定锁紧，保证模型紧固牢靠，整体布局与固定位置如图 2-1-2 所示。

三、绘图笔夹具的安装

TCP 单元训练采用绘图笔夹具，该夹具在与机器人 J6 轴连接法兰上有四个 M5 螺丝安装孔，把夹具调整到合适位置，然后用螺丝将其紧固到机器人 J6 轴上，如图 2-1-7 所示。

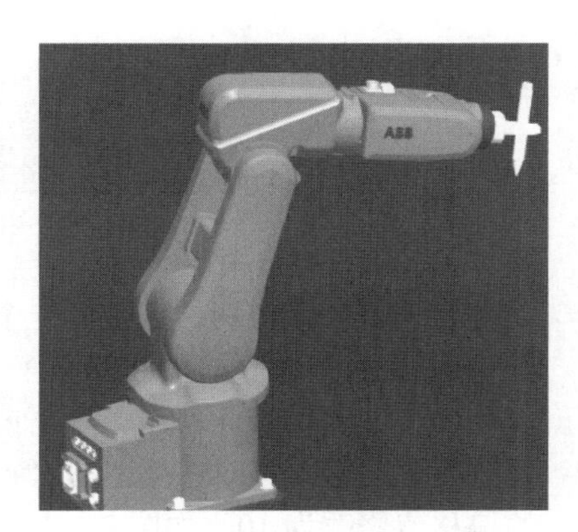

图 2-1-7　绘图笔夹具的安装

四、四点法设定 TCP

用四点法设定 TCP 的方法及步骤如下。

（1）单击示教器功能菜单按钮，再单击手动操纵，进入手动操纵界面，如图 2-1-8 所示，单击“工具坐标”，进入工具坐标设置界面，如图 2-1-9 所示。

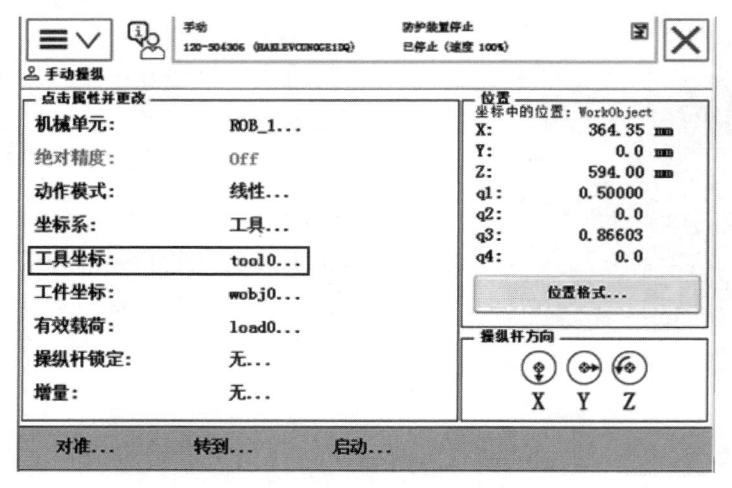

图 2-1-8　手动操纵界面

（2）单击如图 2-1-9 所示的“新建”按钮，在弹出的界面（图 2-1-10）中单击按钮，设置工具名称为“huitubi_t”，再单击“初始值”按钮，进入工具初始值参数设置界面。

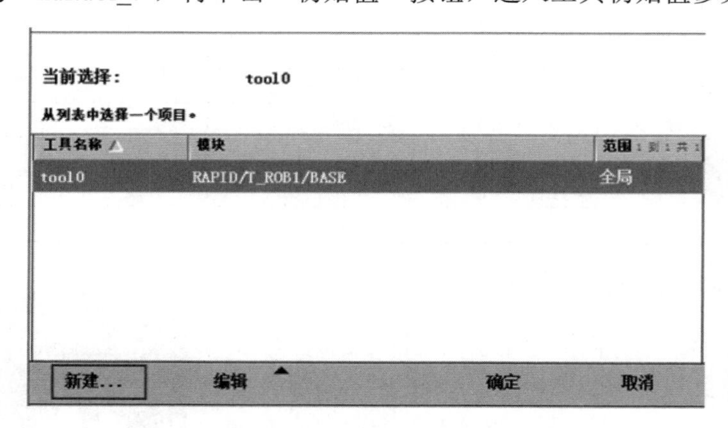

图 2-1-9　工具坐标设置界面

这里需要设定两个参数，一个是工具的质量“mass”值，单位为 kg，另一个是工具相对于 J6 轴法兰盘中心的重心偏移“cog”值，包括 x、y、z 三个方向的偏移值，单位为 mm。

（3）如图 2-1-11 所示，单击向下按钮，找到“mass”值，单击修改工具质量值，这里修改为 1。找到“cog”值，在“cog”值中，要求 x、y、z 三个数值不能同时为零，这里将 x 的偏移值修改为 10，如图 2-1-12 所示。单击两次“确定”按钮，返回工具坐标设置界面。

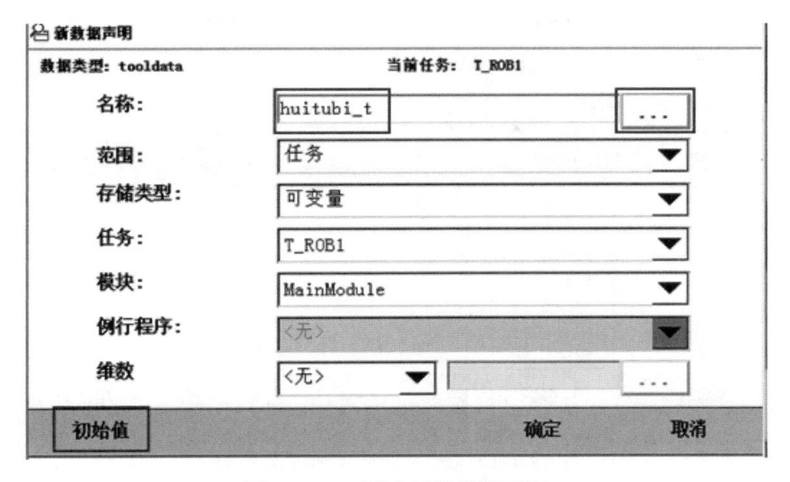

图 2-1-10　新建工具设置界面

名称：　　huitubi_t

点击一个字段以编辑值。

名称	值	数据类型
q3 :=	0	num
q4 :=	0	num
tload:	[1, [0, 0, 0], [1, 0, 0, 0], ...	loaddata
mass :=	1	num
cog:	[0, 0, 0]	pos
x :=	0	num

11 到 16 共 26

撤消　确定　取消

图 2-1-11　工具质量“mass”值的设定

名称：　　huitubi_t

点击一个字段以编辑值。

名称	值	数据类型
cog:	[10, 0, 0]	pos
x :=	10	num
y :=	0	num
z :=	0	num
aom:	[1, 0, 0, 0]	orient
q1 :=	1	num

15 到 20 共 26

撤消　确定　取消

图 2-1-12　工具重心偏移“cog”值的设定

（4）如图 2-1-13 所示，选中“huitubi_t”工具，然后单击“编辑”→“定义”，进入工具坐标定义界面。

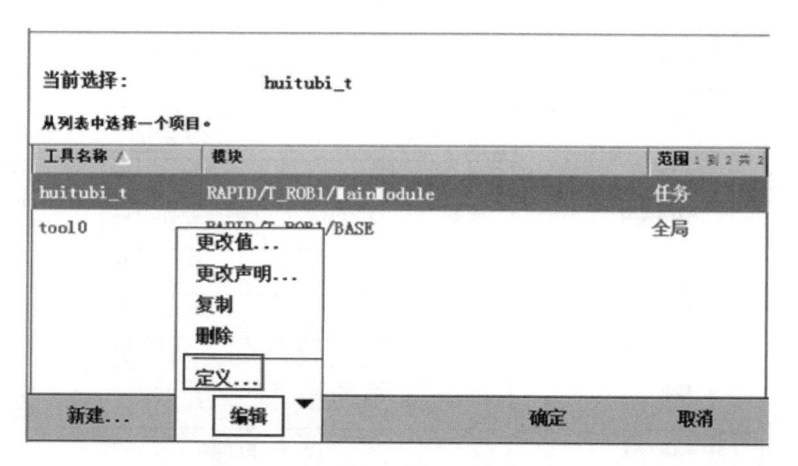

图 2-1-13　进入工具坐标定义界面

（5）采用默认的四点法建立绘图笔 TCP。单击如图 2-1-14 所示的“点 1”，再利用操纵杆运行机器人，使绘图笔的尖端与 TCP 定位器的尖端相接触，如图 2-1-15 所示。然后单击“修改位置”按钮，完成机器人姿态 1 的记录。

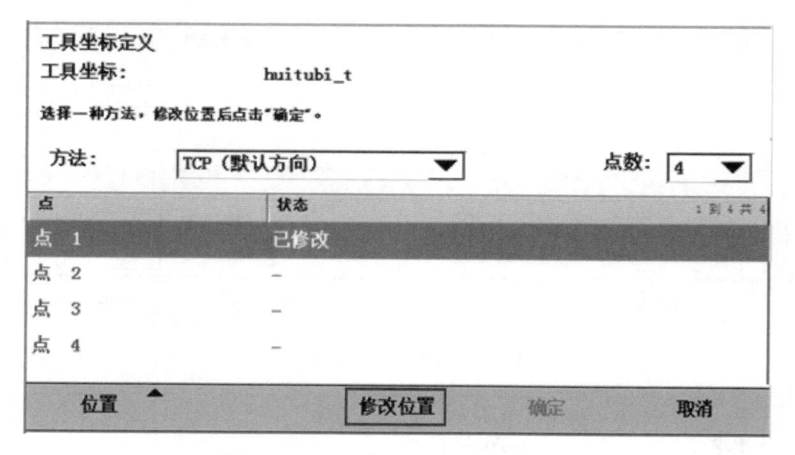

图 2-1-14　“点 1”修改位置界面

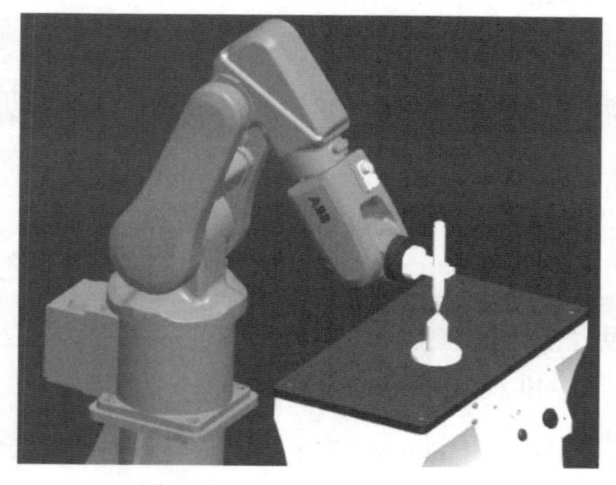

图 2-1-15　机器人姿态 1 画面

（6）单击如图 2-1-16 所示的“点 2”，再利用操纵杆改变机器人姿态，如图 2-1-17 所示。然后单击“修改位置”按钮，完成姿态 2 的记录。

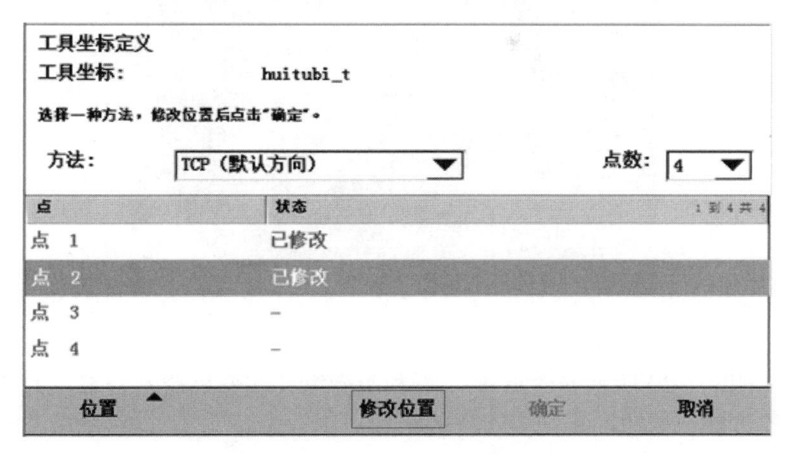

图 2-1-16　“点 2”修改位置界面

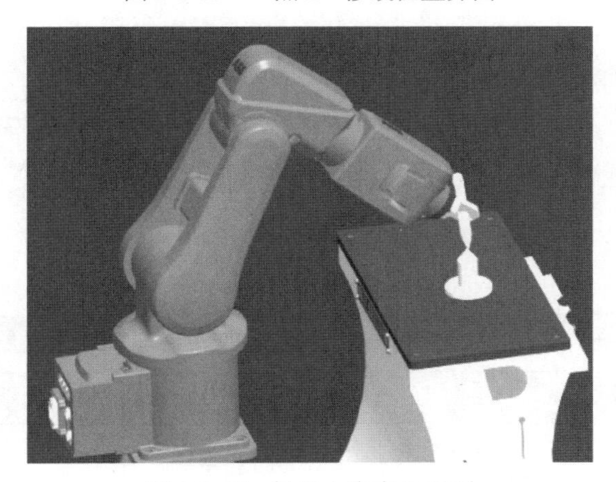

图 2-1-17　机器人姿态 2 画面

（7）单击如图 2-1-18 所示中的“点 3”，再利用操纵杆改变机器人姿态，如图 2-1-19 所示。然后单击“修改位置”按钮，完成姿态 3 的记录。

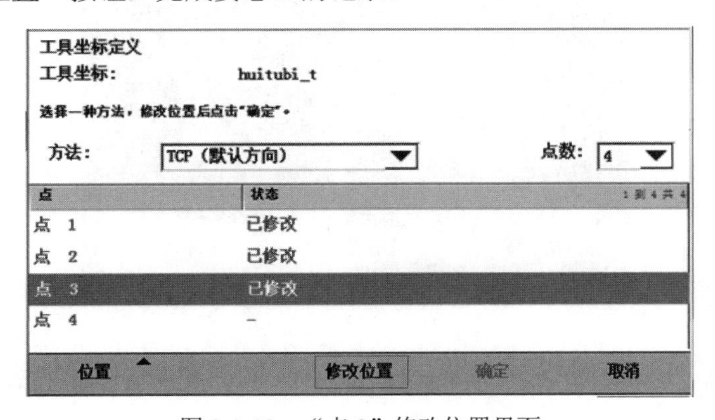

图 2-1-18　“点 3”修改位置界面

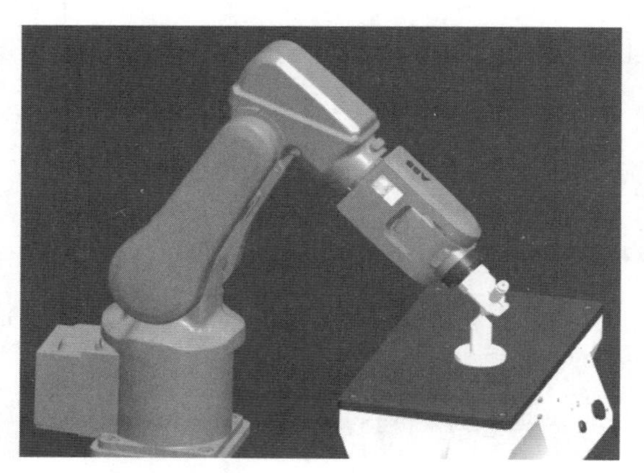

图 2-1-19　机器人姿态 3 画面

（8）单击如图 2-1-20 所示的“点 4”，再利用操纵杆改变机器人姿态，如图 2-1-21 所示。然后单击“修改位置”按钮，完成姿态 4 的记录。

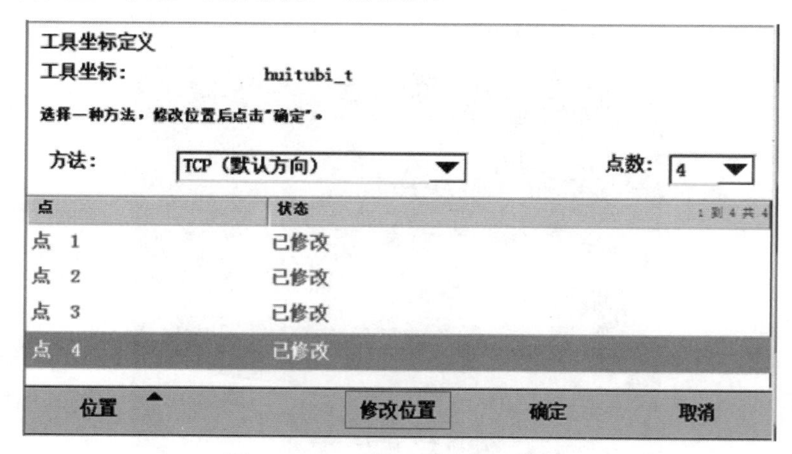

图 2-1-20　“点 4”修改位置界面

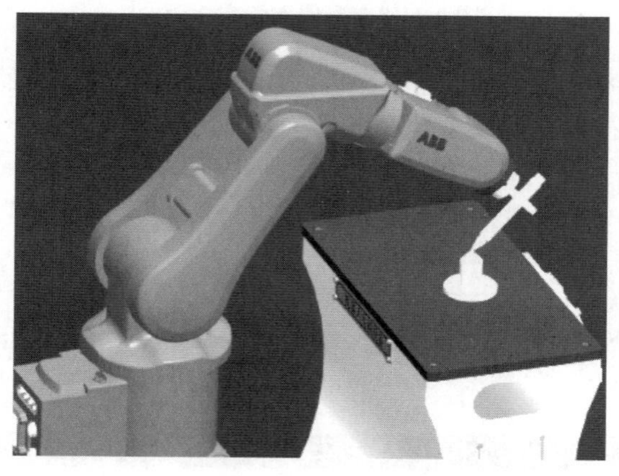

图 2-1-21　机器人姿态 4 画面

（9）单击“确定”按钮保存修改好的四个点，完成绘图笔 TCP 的建立。

五、重定位测试工具中心点

重定位测试工具中心点的方法及步骤如下。

（1）单击示教器功能菜单按钮≡∨，单击手动操纵，进入手动操纵界面，如图 2-1-22 所示。单击“工具坐标”进行设置。

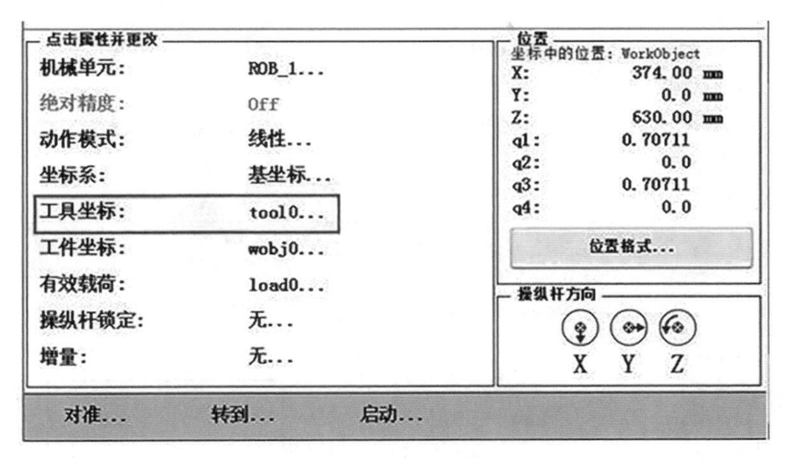

图 2-1-22　手动操纵界面

（2）选中如图 2-1-23 所示界面中的“huitubi_t”工具，单击“确定”按钮。然后按下按键，动作模式变为重定位，如图 2-1-24 所示。再按下示教器后面的电机使能键，操作操纵杆可以看到绘图笔的尖端固定不动，机器人绕着尖端改变姿态，说明 TCP 建立成功。

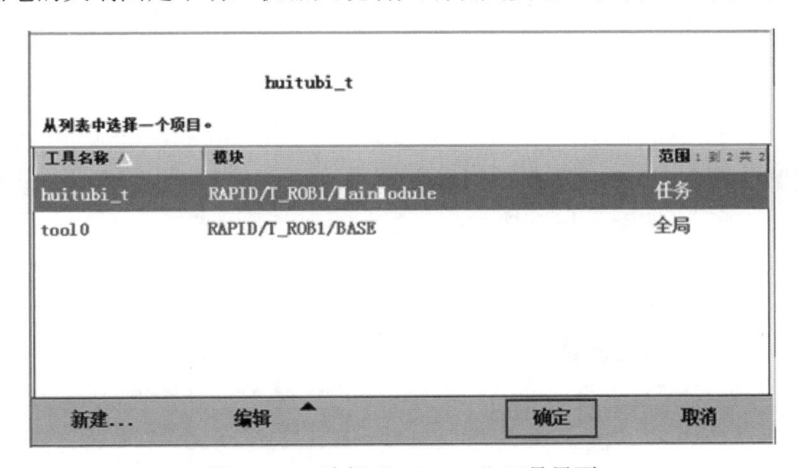

图 2-1-23　选择“huitubi_t”工具界面

六、自动识别工具的质量和重心

ABB 工业机器人提供了自动识别工具的质量和重心的功能，通过调用 LoadIdentity 程序即可实现。具体操作步骤如下。

（1）安装好绘图笔工具并新建“huitubi_t”工具后，在工具坐标中选中该工具，按下按键，机器人进入单轴动作模式，利用操纵杆将机器人 6 个轴运动到接近 0° 的位置，准备工作完成，如图 2-1-25 所示。

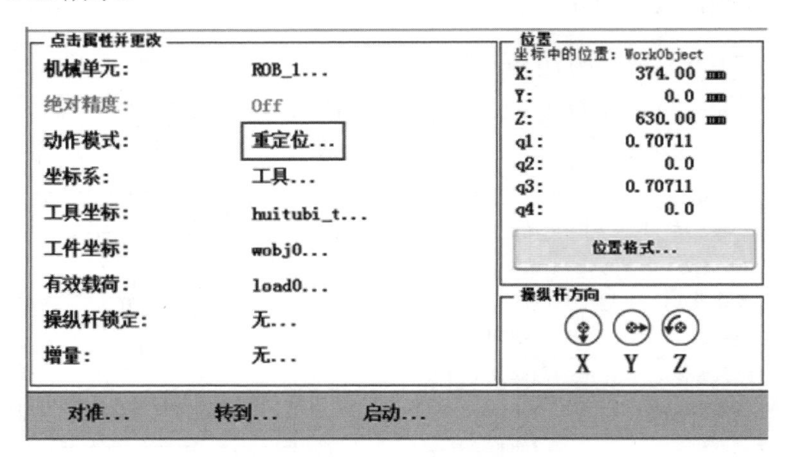

图 2-1-24　动作模式设置为重定位

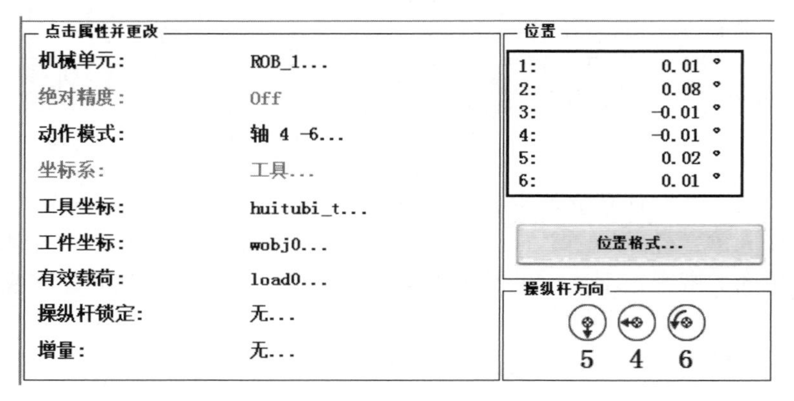

图 2-1-25　单轴动作模式界面

（2）在主菜单界面，单击“程序编辑器”，进入主程序编辑界面，单击“调试”按钮，再单击“调用例行程序”，如图 2-1-26 所示。

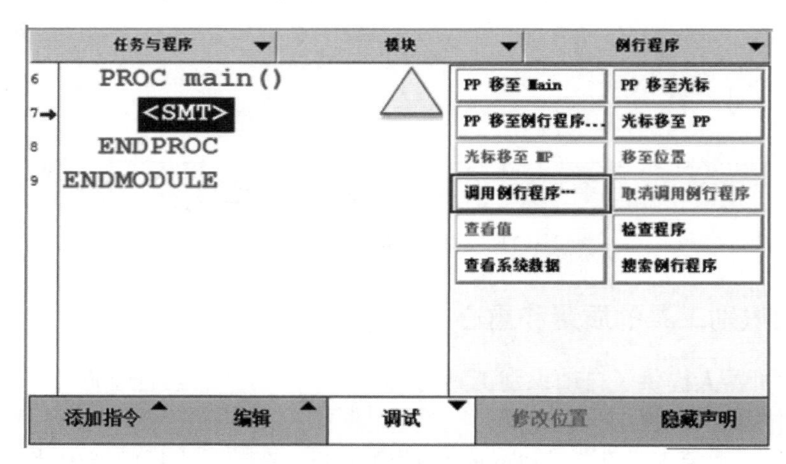

图 2-1-26　主程序编辑界面

（3）选中如图 2-1-27 所示中的“LoadIdentify”例行程序，单击“转到”按钮，打开该程序，如图 2-1-28 所示。

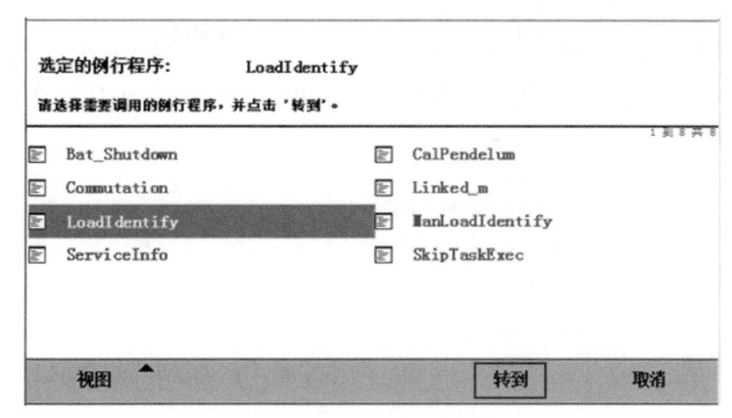

图 2-1-27　选定例行程序界面

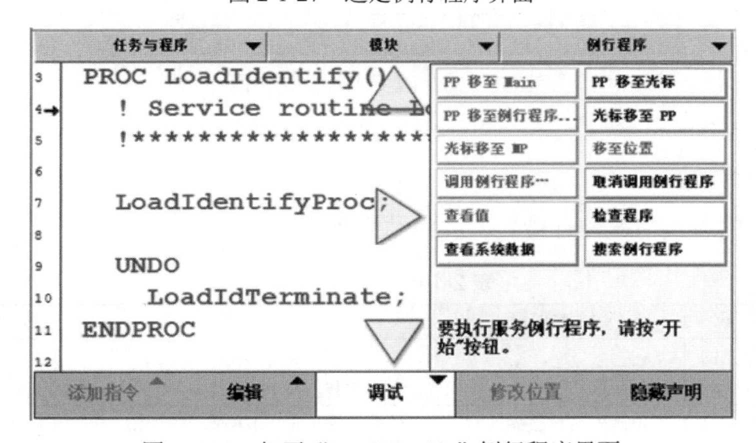

图 2-1-28　打开“LoadIdentify”例行程序界面

（4）按下示教器后面的电机使能键，再按下程序运行键，程序自动运行，然后按照英文提示依次单击“OK”“Tool”“OK”“OK”按钮。在载荷确认界面中，输入数字 2，单击“确定”按钮，如图 2-1-29 所示。

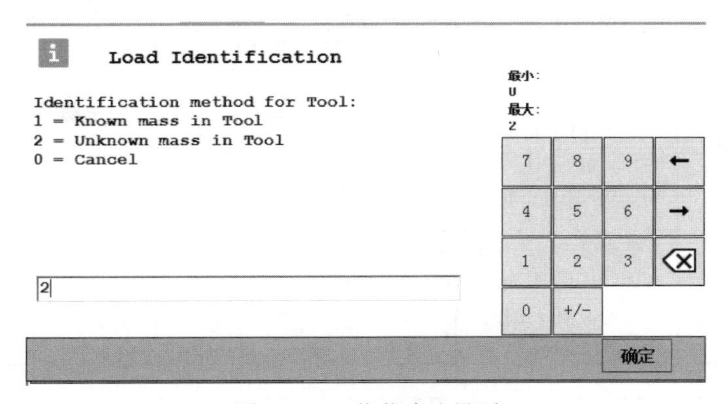

图 2-1-29　载荷确认界面

（5）单击“-90”或者“+90”，再单击“YES”“MOVE”按钮，示教器自动运行到改变运行模块界面，如图 2-1-30 所示。此时，将机器人控制柜上的模式切换钥匙旋至自动状态，按下伺服电动机上电按钮，再按下程序运行按钮，机器人自动运行，直至完成工具质量和重心的测量，再将机器人运行模式切换回手动运行，单击“OK”按钮，按下程序运行按钮，运行程序，可以在示教器上看到工具质量数据和重心数据，单击“YES”按钮，工具质量和重心将自动更新。

Change Operating Mode

1. Switch to automatic mode
   or manual full speed mode.
2. Start program execution

When starting the execution again, the movement will start immediately.

图 2-1-30　改变运行模块界面

任务测评

对任务实施的完成情况进行检查，并将结果填入表 2-1-6。

表 2-1-6　任务测评表

序号	主要内容	考核要求	评分标准	配分	扣分	得分
1	TCP 单元的安装	正确安装 TCP 单元	1．TCP 单元安装不牢固，每处扣 5 分 2．不会安装，扣 10 分	10		
2	绘图笔夹具的安装	正确安装绘图笔夹具	1．绘图笔夹具安装不牢固，每处扣 5 分 2．不会安装，扣 10 分	10		
3	四点法设定 TCP	正确新建绘图笔的 TCP	1．不会使用四点法新建绘图笔的 TCP，扣 40 分 2．设定 TCP 有遗漏或错误，每处扣 10 分	40		
		正确调试绘图笔 TCP	1．不会使用重定位功能实现绘图笔绕着 TCP 改变姿态，扣 10 分 2．调试绘图笔 TCP 的方法有遗漏或错误，每处扣 5 分	10		
4	自动识别工具质量和重心	会调用 LoadIdentify 程序，运行该程序识别工具的质量和重心	1．不会调用 LoadIdentify 程序，运行该程序识别工具的质量和重心，扣 20 分 2．自动识别工具质量和重心方法有遗漏或错误，每处扣 10 分	20		
5	安全文明生产	劳动保护用品穿戴整齐；遵守操作规程；讲文明礼貌；操作结束要清理现场	1．操作中，违反安全文明生产考核要求的任何一项扣 5 分，扣完为止 2．当发现学生有重大事故隐患时，要立即予以制止，并每次扣安全文明生产分 5 分	10		
合　计						
开始时间：			结束时间：			

任务2　工业机器人运动轨迹的编程与操作

学习目标

◇ 知识目标

1. 掌握运动控制程序的新建、编辑和加载方法。
2. 掌握工业机器人关节位置数据的形式、意义及记录方法。
3. 掌握工业机器人绘图单元的程序编写。

◇ 能力目标

1. 能够新建、编辑和加载程序。
2. 能够完成轨迹训练模型及绘图笔夹具的安装。
3. 能够完成轨迹训练模型系统设计与调试。

工作任务

如图 2-2-1 所示是一个工业机器人轨迹训练模型工作站，其轨迹训练模型结构示意图如图 2-2-2 所示。本任务采用示教编程方法，操作机器人实现模型运动轨迹的示教。

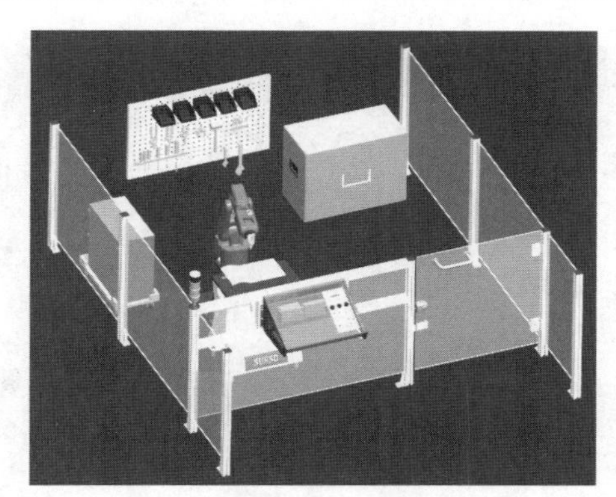

图 2-2-1　工业机器人轨迹训练模型工作站

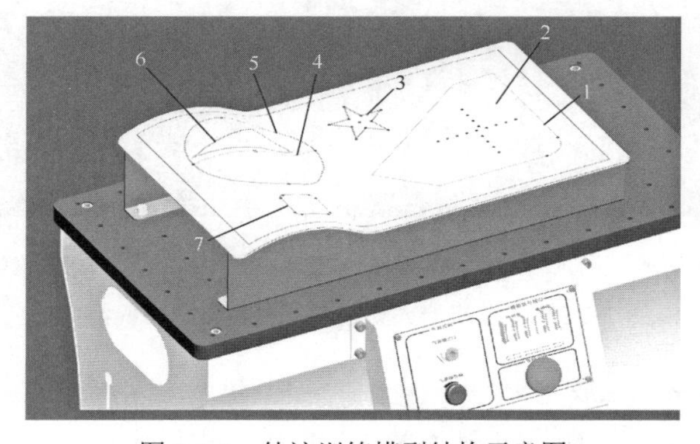

图 2-2-2　轨迹训练模型结构示意图

1—绿色多边形；2—黄色圆弧；3—红色五角星；4—黑色十字；5—蓝色圆；6—红色三角形；7—蓝色多边形

具体控制要求如下：

1．将电气控制板面板“启动”钮子开关 SB1 置于“ON”，设备给出“启动”信号后，机器人伺服上电，再将钮子开关 SB1 置于“OFF”；之后再将钮子开关 SB2 置于“ON”，机器人进入主程序，将 SB2 置于“OFF”，“运行”指示灯绿灯亮；系统进入等待状态后将钮子开关 SB3 置于“ON”，机器人依次绘制绿色多边形、黄色圆弧、红色五角星、黑色十字、蓝色圆、红色三角形、蓝色多边形后，再如此循环。

2．将电气控制板面板“停止”钮子开关 SB5 置于“ON”，设备给出“停止”信号，再将 SB5 置于“OFF”，“停止”指示灯红灯亮，系统进入停止状态，所有气动机构均保持状态不变。

相关知识

一、工业机器人轨迹训练模型工作站

工业机器人轨迹训练模型工作站是为了进行机器人轨迹数据示教编程而建立的，其主要由机器人本体、机器人控制器、轨迹训练模型、电气操作面板、透明安全护栏、维修安全门、零件箱和工具墙等组成，如图 2-2-3 所示。

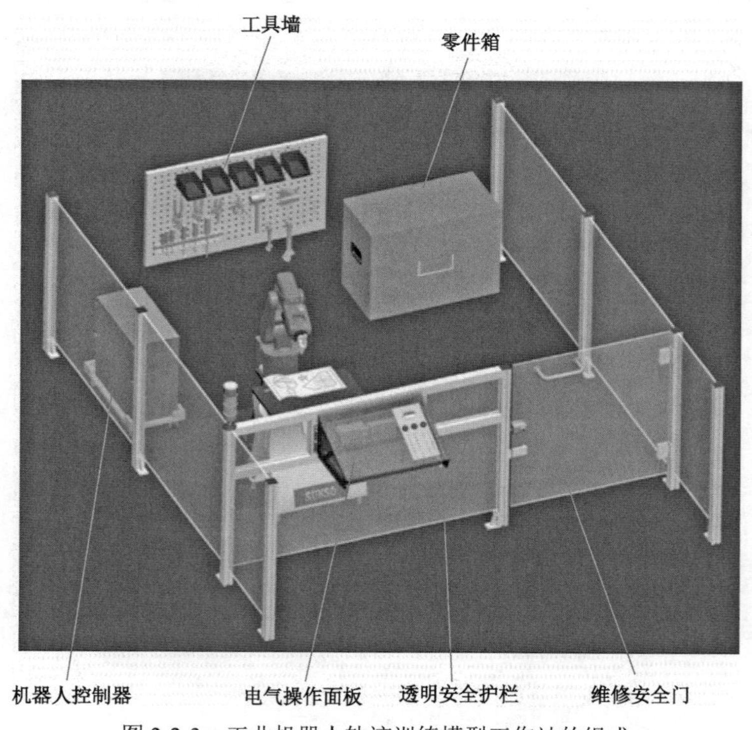

图 2-2-3　工业机器人轨迹训练模型工作站的组成

1．工业机器人的系统组成

本工作站所采用的是一款额定负载为 3kg，小型 6 自由度的 IRB 型工业机器人。它由机器人本体、控制器、示教器和连接电缆组成，如图 2-2-4 所示。

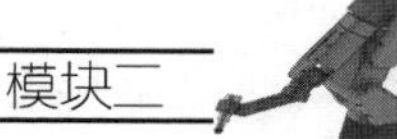

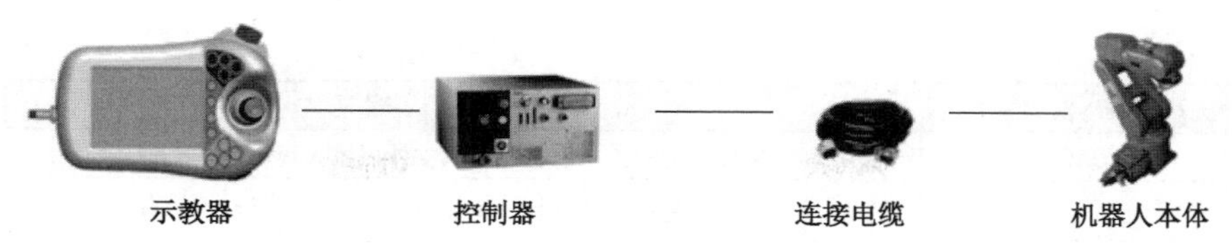

图 2-2-4 工业机器人系统组成示意图

2. 轨迹训练模型

轨迹训练模型主要由轨迹模型、模型实训平台和急停按钮组成，如图 2-2-5 所示。训练轨迹包括绿色多边形、黄色圆弧、红色五角星、黑色十字、蓝色圆、红色三角形、蓝色多边形。

图 2-2-5 轨迹训练模型

二、程序的基本信息

程序是为了使机器人完成某种任务而设置的动作顺序描述。在示教操作中，产生的示教数据（如轨迹数据、作业条件、作业顺序等）和机器人指令都将保存在程序中，当机器人自动运行时，将执行程序以再现所记忆的动作。

常见的程序编程方法有两种——示教编程法和离线编程法。示教编程法是由操作人员引导，控制机器人运动，记录机器人作业的程序点，并插入所需的机器人命令来完成程序的编写。离线编程法是操作人员不对实际作业的机器人直接进行示教，而是在离线编程系统中进行编程或在模拟环境中进行仿真，生成示教数据，通过 PC 间接对机器人进行示教。示教编程法包括示教、编辑和轨迹再现，可以通过示教器示教再现，由于示教方式使用性强、操作简便，因此大部分机器人都常采用这种方法。

程序的基本信息包括程序名、程序注释、子类型、组标志、写保护、程序指令和程序结束标志，见表 2-2-1。

表 2-2-1 程序基本信息及功能

序　号	程序基本信息	功　能
1	程序名	用以识别存入控制器内存中的程序，在同一目录下不能出现包含两个或更多具有相同程序名的程序。程序名长度不超过 8 个字符，由字母、数字、下画线组成
2	程序注释	用于描述、选择界面上显示的附加信息。最长 16 个字符，由字母、数字及符号（_、@、※）组成

续表

序　号	程序基本信息	功　能
3	子类型	用于设置程序文件的类型。目前本系统只支持机器人程序这一类型
4	组标志	设置程序操作的动作组，必须在程序执行前设置。目前本系统只有一个操作组 1（1，*，*，*，*）
5	写保护	设定程序可否被修改。若设置为“是”，则程序名、注释、子类型、组标志等不可修改；若设置为“否”，则程序信息可修改。当程序创建且操作确定后，可将此项设置为“是”来保护程序，防止他人或自己误修改
6	程序指令	包括运动指令、寄存器指令等示教中所涉及的所有指令
7	程序结束标志	程序结束标志（END）自动显示在程序最后一条指令的下一行。只要有新的指令添加到程序中，程序结束标志就会在屏幕上向下移动，所以程序结束标志总放在最后一行，当系统执行完最后一条程序指令后，执行程序结束标志时，就会自动返回到程序的第一行并终止

三、常用运动指令

1．线性运动指令（MoveL）

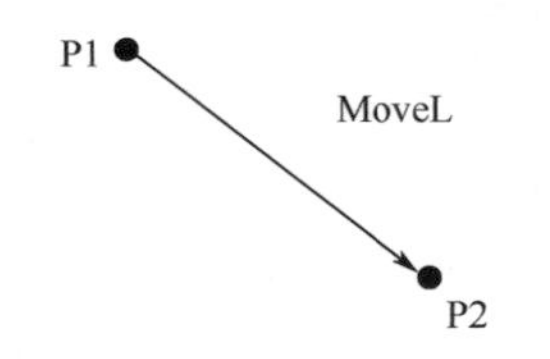

图 2-2-6　直线运动指令示例图

线性运动指令也称直线运动指令。工具的 TCP 按照设定的姿态从起点匀速移动到目标位置点，TCP 运动路径是三维空间中 P1 点到 P2 点的直线运动，如图 2-2-6 所示。直线运动的起始点是前一运动指令的示教点，结束点是当前指令的示教点。运动特点：①运动路径可预见。②在指定的坐标系中实现插补运动。

（1）　指令格式

```
MoveL[\Conc,]ToPoint,Speed[\V] [\T],Zone[\Z] [\Inpos],Tool[\Wobj] [\Corr];
```

【指令格式说明】

① [\Conc,]：协作运动开关。

② ToPoint：目标点，默认为 *。

③ Speed：运行速度数据。

④ [\V]：特殊运行速度（mm/s）。

⑤ [\T]：运行时间控制（s）。

⑥ Zone：运行转角数据。

⑦ [\Z]：特殊运行转角（mm）。

⑧ [\Inpos]：运行停止点数据。

⑨ Tool：工具中心点（TCP）。

⑩ [\Wobj]：工件坐标系。

⑪ [\Corr]：修正目标点开关。

【举例】

```
MoveL p1,v2000,fine,grip1;
MoveL \Conc, p1,v2000,fine,grip1;
MoveL p1,v2000\V:=2200,z40\z:45,grip1;
```

```
MoveL p1,v2000,z40,grip1\Wobj:=wobjTable;
MoveL p1,v2000,fine\ Inpos:=inpos50, grip1;
MoveL p1,v2000,z40,grip1\corr;
```

（2）应用

机器人以线性方式运动至目标点，当前点与目标点两点决定一条直线，机器人运动状态可控，运动路径保持唯一，可能出现死点，常用于机器人在工作状态中的移动。

2．关节运动指令（MoveJ）

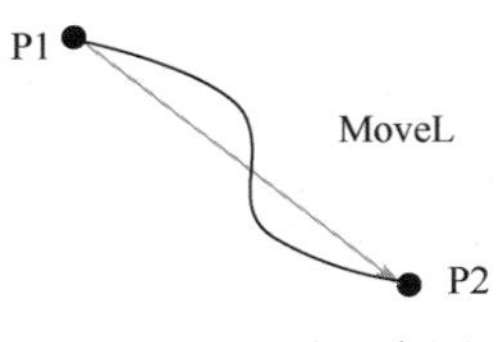

图 2-2-7　运动示意图

一般程序起始点使用 MoveJ 指令。机器人将 TCP 沿最快速轨迹到达目标点，机器人的姿态会随意改变，TCP 路径不可预测。机器人最快速的运动轨迹通常不是最短的轨迹，因而关节轴运动不是直线。由于机器人轴的旋转运动，弧形轨迹会比直线轨迹更快。运动示意图如图 2-2-7 所示。运动特点：①运动的具体过程是不可预见的。②6 个轴同时启动并且同时停止。使用 MoveJ 指令可以使机器人的运动更加高效快速，也可以使机器人的运动更加柔和，但是关节轴运动轨迹是不可预见的，所以使用该指令时务必确认机器人与周边设备不会发生碰撞。

（1）指令格式

```
MoveJ[\Conc,]ToPoint,Speed[\V] [\T],Zone[\Z] [\Inpos],Tool[\Wobj];
```

【指令格式说明】

① [\Conc,]：协作运动开关。

② ToPoint：目标点，默认为 *。

③ Speed：运行速度数据。

④ [\V]：特殊运行速度（mm/s）。

⑤ [\T]：运行时间控制（s）。

⑥ Zone：运行转角数据。

⑦ [\Z]：特殊运行转角（mm）。

⑧ [\Inpos]：运行停止点数据。

⑨ Tool：工具中心点（TCP）。

⑩ [\Wobj]：工件坐标系。

【举例】

```
MoveJ p1,v2000,fine,grip1;
MoveJ\Conc, p1,v2000,fine,grip1;
MoveJ p1,v2000\V:=2200,z40\z:45,grip1;
MoveJ p1,v2000,z40,grip1\Wobj:=wobjTable;
MoveJ\Conc, p1,v2000,fine\ Inpos:=inpos50, grip1;
```

（2）应用

机器人以最快捷的方式运动至目标点，机器人运动状态不完全可控，但运动路径保持唯一，常用于机器人在空间中的大范围移动。

（3）编程实例

根据图 2-2-8 所示的运动轨迹，写出其关节指令程序。

图 2-2-8 所示的运动轨迹的指令程序如下（注意：程序中的 p1，p2，p3 即图中的点 P1，P2，P3，全书同）：

```
MoveL p1,v200,z10,tool1;
MoveL p2,v100,fine,tool1;
MoveJ p3,v500,fine,tool1;
```

3．圆弧运动指令（MoveC）

圆弧运动指令也称为圆弧插补运动指令。三点确定唯一圆弧，因此，圆弧运动需要示教三个圆弧运动点，起始点 P1 是上一条运动指令的末端点，P2 是中间辅助点，P3 是圆弧终点，如图 2-2-9 所示。

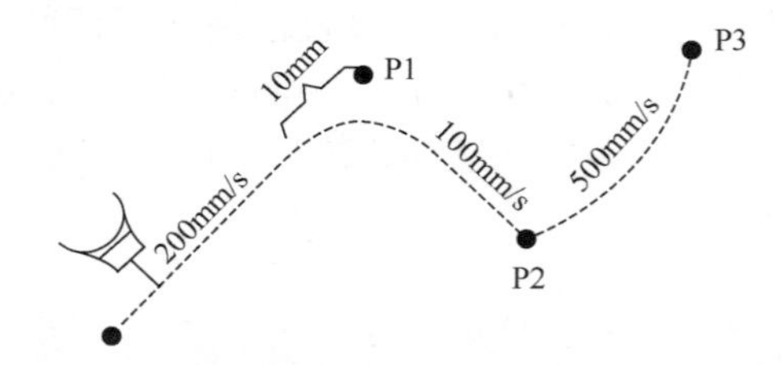

图 2-2-8　运动轨迹

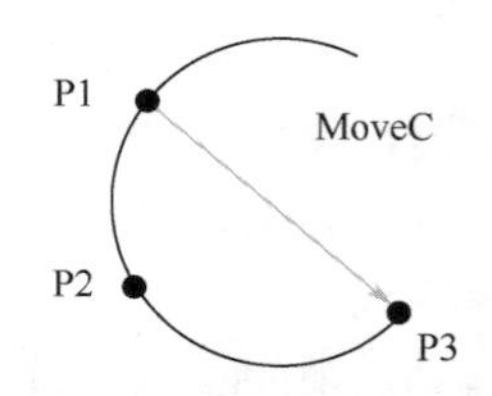

图 2-2-9　圆弧运动轨迹

（1）指令格式

```
MoveC[\Conc,] CirPoint,ToPoint,Speed[\V] [\T],Zone[\Z] [\Inpos],Tool[\Wobj] [\Corr];
```

【指令格式说明】

① [\Conc,]：协作运动开关。

② CirPoin：中间点，默认为 *。

③ ToPoint：目标点，默认为 *。

④ Speed：运行速度数据。

⑤ [\V]：特殊运行速度（mm/s）。

⑥ [\T]：运行时间控制（s）。

⑦ Zone：运行转角数据。

⑧ [\Z]：特殊运行转角（mm）。

⑨ [\Inpos]：运行停止点数据。

⑩ Tool：工具中心点（TCP）。

⑪ [\Wobj]：工件坐标系。

⑫ [\Corr]：修正目标点开关。

【举例】

```
MoveC p1,p2,v2000,fine,grip1;
MoveC \Conc, p1,p2,v200, \V:=500,z1\zz:=5,grip1;
MoveC p1,p2,v2000,z40,grip1\Wobj:=wobjTable;
MoveC p1,p2,v2000,fine\ Inpos:= 50, grip1;
```

```
MoveC p1,p2,v2000, fine,grip1\corr;
```

（2）应用

机器人通过中心点以圆弧移动方式运动至目标点，当前点、中间点与目标点三点决定一段圆弧，机器人运动状态可控，运动路径保持唯一，常用于机器人在工作状态中的移动。

（3）限制

不可能通过一个 MoveC 指令完成一个圆，如图 2-2-10 所示。

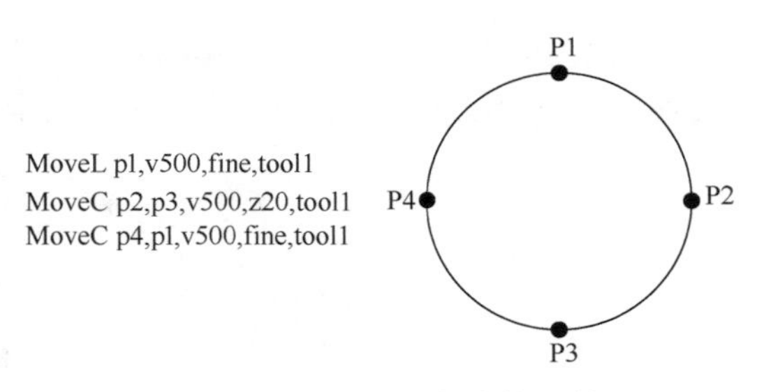

图 2-2-10　MoveC 指令的限制

一、任务准备

实施本任务教学所使用的实训设备及工具材料可参考表 2-2-2。

表 2-2-2　实训设备及工具材料

序　号	分　类	名　称	型号规格	数　量	单　位	备　注
1	工具	内六角扳手	3.0mm	1	个	工具墙
2		内六角扳手	4.0mm	1	个	工具墙
3	设备器材	内六角螺丝	M5	8	颗	工具墙黄色盒
4		绘图模块	含 4 个磁石	1	个	物料间领料
5		绘图笔夹具		1	个	物料间领料
6		A4 纸		1	个	物料间领料

二、轨迹训练模型的安装

在轨迹训练模型的四个角有用于安装固定的螺丝孔，把模型放置到模拟实训平台的合适位置，用 M5 内六角螺丝将其固定锁紧，保证模型紧固牢靠，整体布局如图 2-2-11 所示。

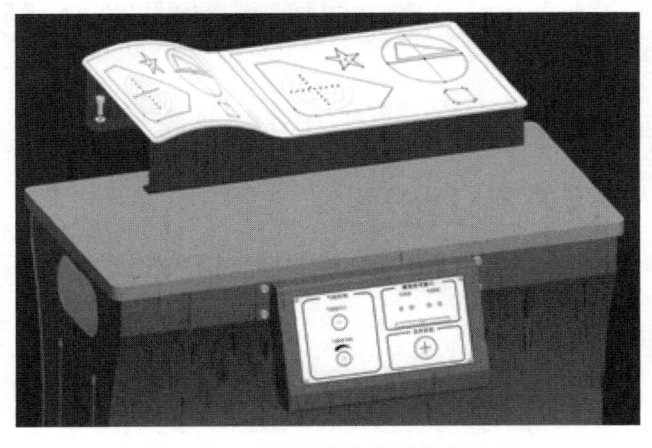

图 2-2-11　轨迹训练模型整体布局

三、绘图笔夹具的安装

此模型训练采用绘图笔夹具，此夹具在与机器人 J6 轴连接法兰上有四个螺丝安装孔，把夹具调整到合适位置，然后用螺丝将其紧固到机器人 J6 轴上，如图 2-2-12 所示。

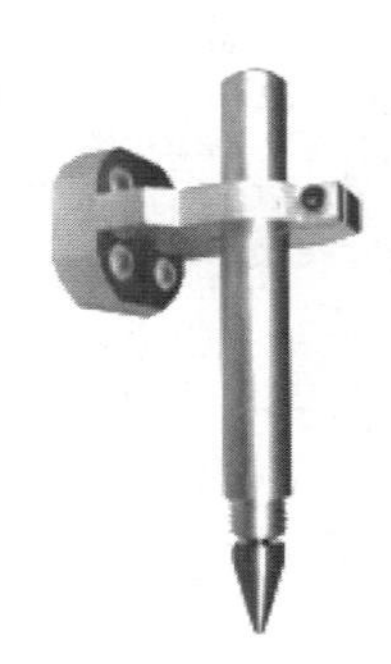
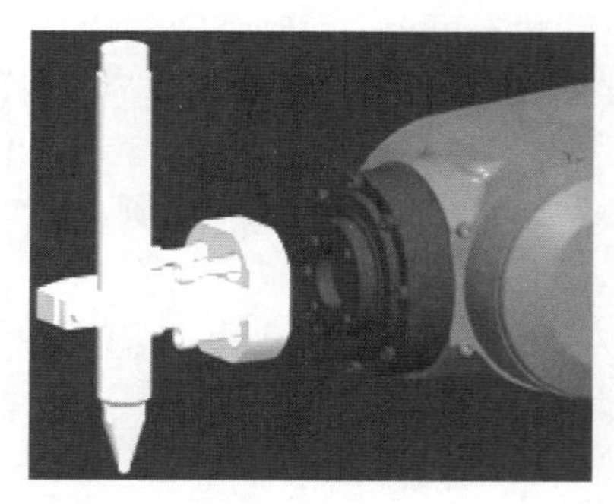

图 2-2-12　绘图笔夹具的安装

四、设计控制原理方框图

根据控制要求，设计控制原理方框图如图 2-2-13 所示。

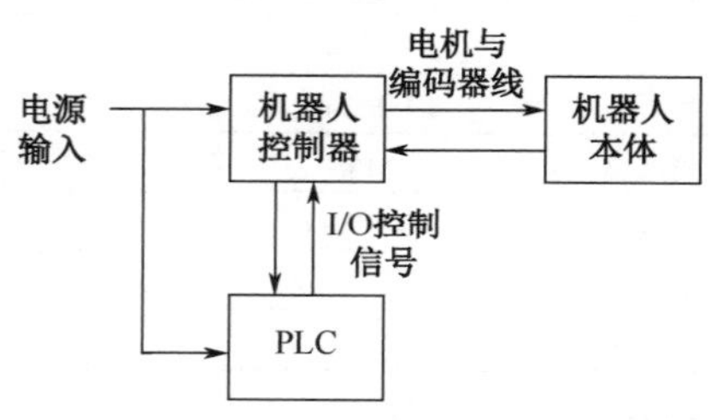

图 2-2-13　控制原理方框图

五、设计 PLC 的 I/O 控制原理图

根据任务要求，可设计出 PLC 的 I/O 控制原理图，如图 2-2-14 所示。

六、线路安装

根据图 2-2-14 所示的 I/O 控制原理图，完成 6 轴机器人单元的安装与接线。

七、6 轴机器人单元的 PLC 程序设计

根据任务要求，参照图 2-2-14 所示的 I/O 控制原理图，设计的 PLC 梯形图程序如图 2-2-15 所示。

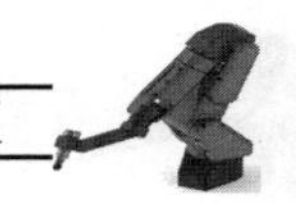

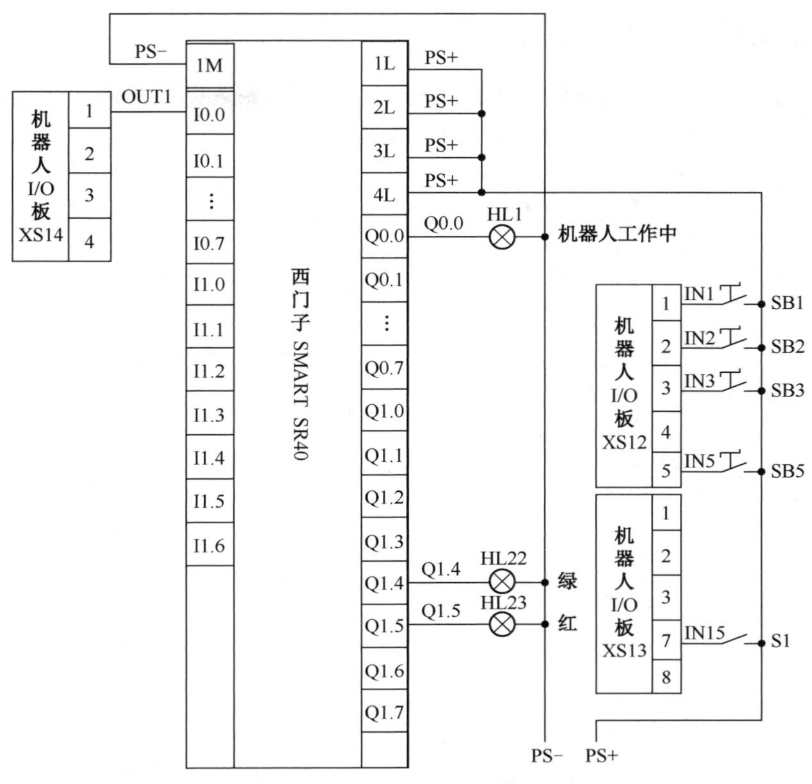

图 2-2-14　PLC 的 I/O 控制原理图

程序启动

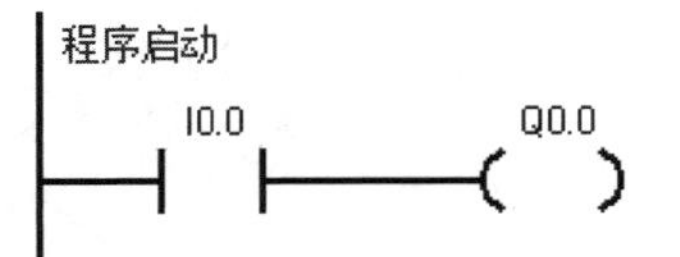

符号	地址	注释
CPU_输出0	Q0.0	机器人工作中
CPU_输入0	I0.0	机器人上电

设备状态指示

SM0.0　I0.0　Q1.4

I0.0　Q1.5

符号	地址	注释
Always_On	SM0.0	始终接通
CPU_输出12	Q1.4	运行指示灯
CPU_输出13	Q1.5	停止指示灯
CPU_输入0	I0.0	机器人上电

图 2-2-15　PLC 梯形图程序

八、绘制机器人运动轨迹图

轨迹训练模型上的图案分布如图 2-2-16 所示。规划机器人运动轨迹，并绘制出机器人运动轨迹图，如图 2-2-17（a）～图 2-2-17（d）所示。

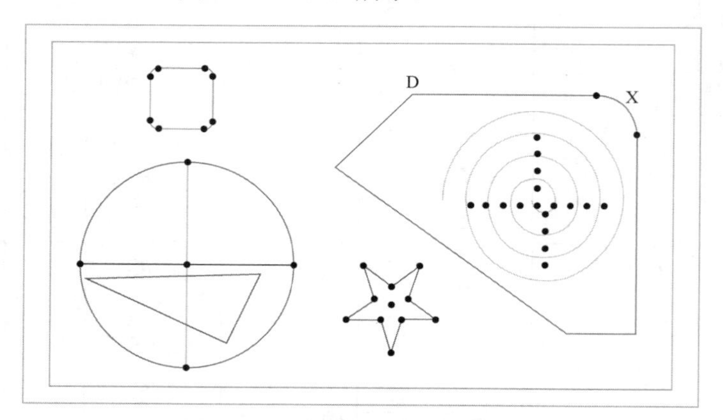

图 2-2-16　轨迹训练模型图案分布

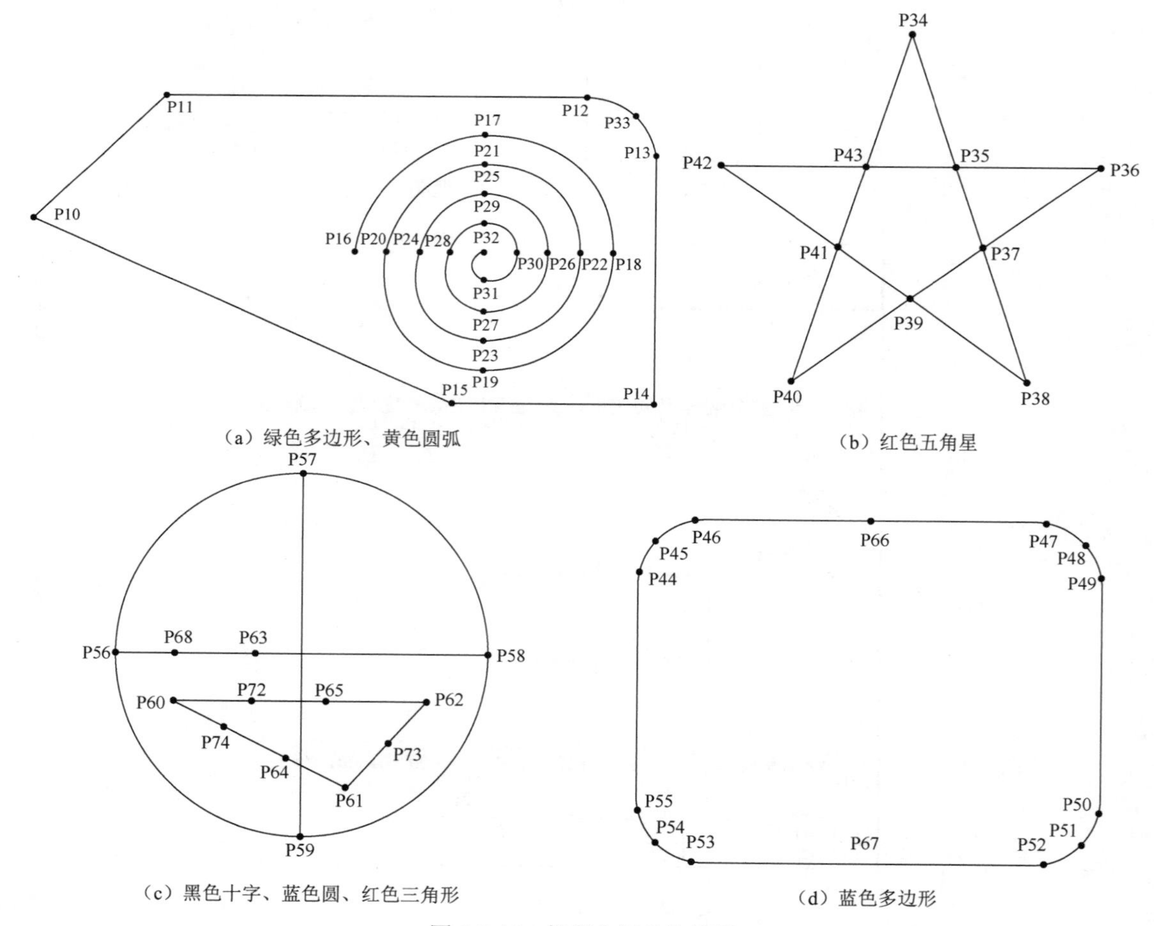

图 2-2-17　机器人运动轨迹图

九、确定机器人运动所需示教点

根据机器人的运动轨迹可确定其运动所需的示教点见表 2-2-3。

表 2-2-3 机器人运动轨迹示教点

序号	点序号	注释	备注
1	Home	机器人初始位置	程序中定义
2	P10～P15、P33	绿色多边形轨迹点	需示教
3	P16～P32	黄色圆弧轨迹点	需示教
4	P34～P43	红色五角星轨迹点	需示教
5	P44～P55、P66、P67	蓝色多边形轨迹点	需示教
6	P56～P59	蓝色圆轨迹点	需示教
7	P56～P59、P63、P68	黑色十字轨迹点	需示教
8	P60～P62、P64～P65、P72～P74	红色三角形轨迹点	需示教

十、机器人程序的编写

根据机器人运动轨迹编写机器人程序时，首先根据控制要求绘制机器人程序流程图，然后编写机器人主程序和子程序。子程序主要包括机器人回定义原点子程序、机器人程序初始化子程序、绿色多边形子程序、黄色圆弧子程序、红色五角星子程序、蓝色多边形子程序、蓝色圆子程序、黑色十字子程序及红色三角形子程序。编写子程序前要先设计好机器人的运行轨迹及定义好机器人的程序点。

1. 设计机器人程序流程图

根据控制功能，设计机器人程序流程图，如图 2-2-18 所示。

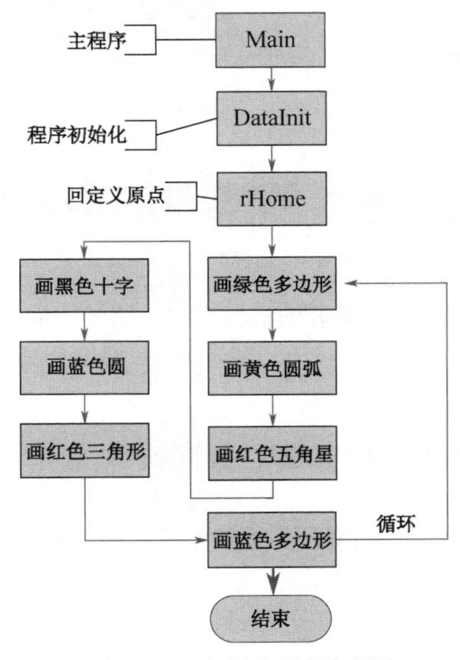

图 2-2-18 机器人程序流程图

2．配置 PLC 与机器人系统 I/O 地址

配置 PLC 与机器人系统 I/O 地址，见表 2-2-4。

表 2-2-4　配置 PLC 与机器人系统 I/O 地址

序　号	机器人 I/O	PLC I/O	功 能 描 述	外 部 信 号	备　注
1	DI10_1		IN1=ON 机器人 Motor On	IN1	钮子开关 SB1
2	DI10_2		IN2=ON Start Main	IN2	钮了开关 SB2
3	DI10_3		IN3=ON 机器人 Start	IN3	钮子开关 SB3
4	DI10_5		IN5=ON 机器人 Motor Off	IN5	钮子开关 SB5
5	DI10_15		IN15=ON 机器人 Stop	IN15	门磁信号 S1
6	DO10_1	I0.0	OUT1=ON Motor State	OUT1	机器人工作中

3．增加设定机器人输入/输出信号

（1）进入示教器单击“ABB”菜单，进入“控制面板”，选择“配置”中的“Signal”，如图 2-2-19 所示。

图 2-2-19　选择配置“Signal”

（2）进入“Signal”界面后添加需要的机器人输入信号与输出信号，单击“添加”按钮，结果如图 2-2-20 所示。

4．系统输入/输出信号设定

（1）进入示教器单击“ABB”菜单，进入“控制面板”，选择“配置”中的“System Input”，如图 2-2-21 所示。

（2）进入“System Input”界面后对所需要的系统控制信号进行关联，单击“添加”按钮，如图 2-2-22 所示。

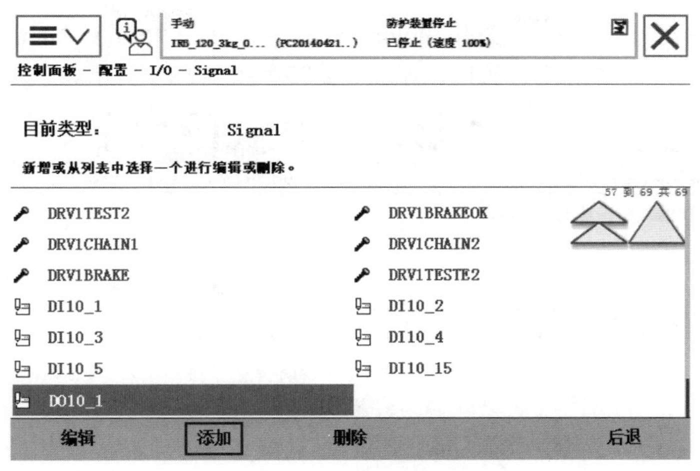

图 2-2-20　添加输入/输出信号

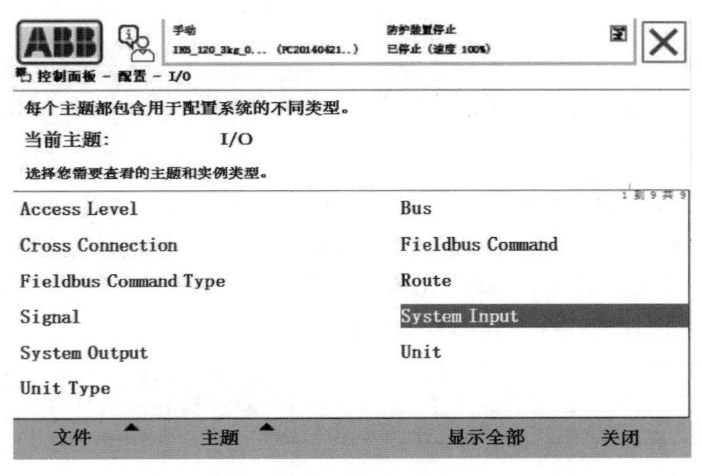

图 2-2-21　选择配置“System Input”

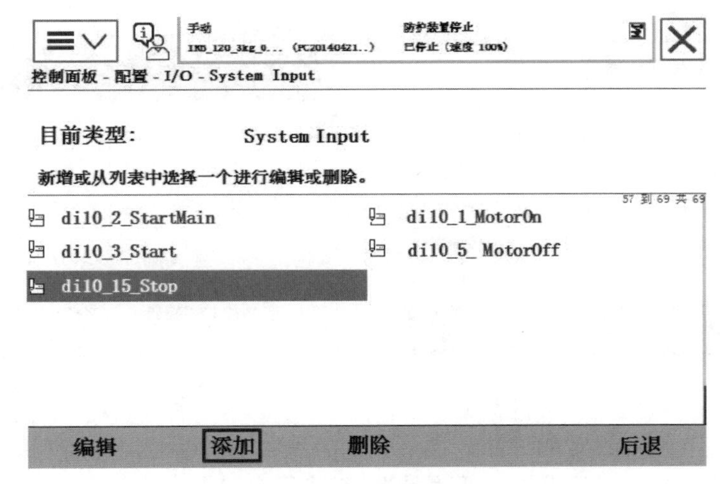

图 2-2-22　添加系统控制信号

（3）按照关联表，以 DI10_1 关联 Motor On 为例，单击“Signal Name”，在弹出的界面中选择“DI10_1”，单击“确定”按钮，如图 2-2-23、图 2-2-24 所示。

图 2-2-23　新增输入项

图 2-2-24　选择当前值

（4）单击“Action”（图 2-2-23），在“Action”界面中，选中“Motors On”，单击“确定”按钮，如图 2-2-25 所示；弹出如图 2-2-26 所示界面，再单击“确定”按钮，示教器上会弹出提示对话框问询是否重启控制器，此时先单击“否”，等系统输入和系统输出信号全部都关联好后再单击“是”重启控制器，如图 2-2-27 所示。

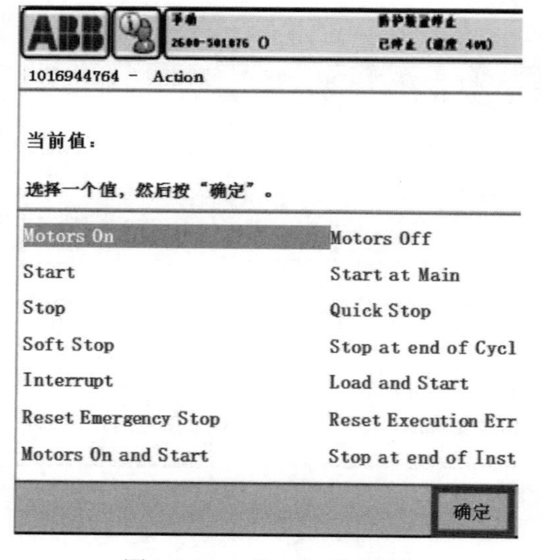

图 2-2-25　“Action”界面

图 2-2-26　控制面板配置界面

（5）输出设定与输入设定的方法一样，分别关联各输出信号；待所有信号全部关联后，在弹出的是否重启控制器对话框中选择“是”，完成设定。

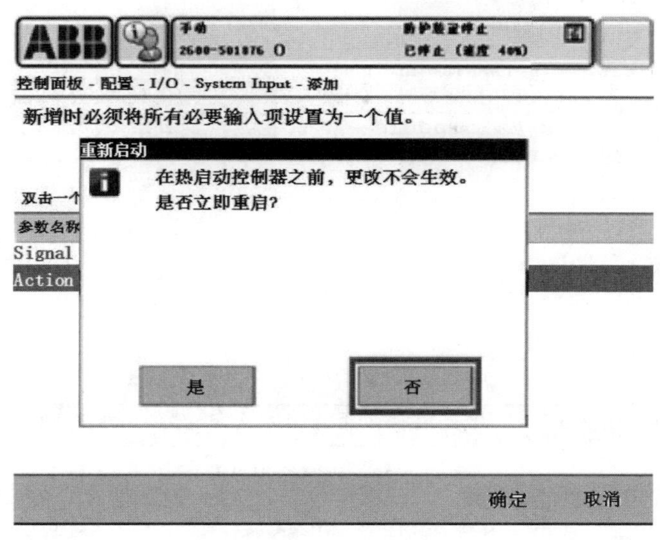

图 2-2-27　提示对话框

5. 机器人程序设计

根据机器人程序流程图、轨迹图设计机器人程序，具体的方法步骤如下。

（1）新建主程序 Main、初始化子程序 DateInit、回原点子程序 rHome

① 单击示教器界面左上角的“≡∨”按钮，打开 ABB 菜单栏；单击“程序编辑器”，进入程序编辑器界面；单击“MainModule”程序模块，进入程序编辑界面。如图 2-2-28、图 2-2-29 所示。

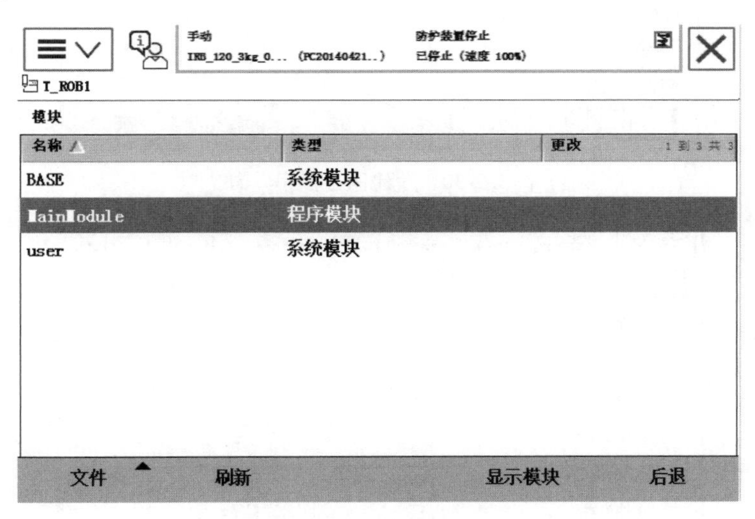

图 2-2-28　程序编辑器界面

② 单击图 2-2-29 中所示的“例行程序”，进入 MainModule 模块的例行程序界面。单击“文件”→“新建例行程序”；将例行程序命名为“Main”，其他选择默认，单击“确定”按钮，完成 Main 绘图单元主程序的创建。同理，新建例行程序“DataInit”“rHome”两个绘图单元子程序，如图 2-2-30～图 2-2-32 所示。

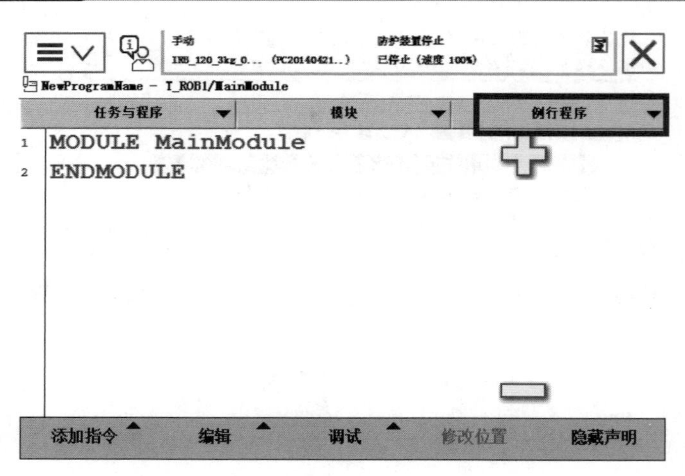

图 2-2-29　程序编程界面

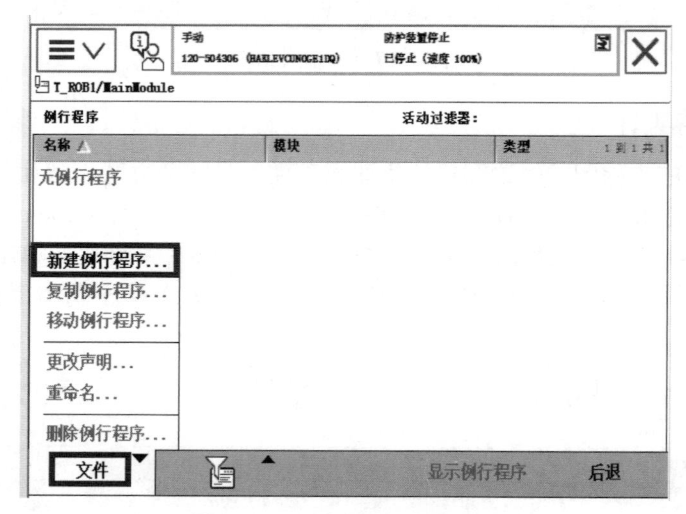

图 2-2-30　新建例行程序界面

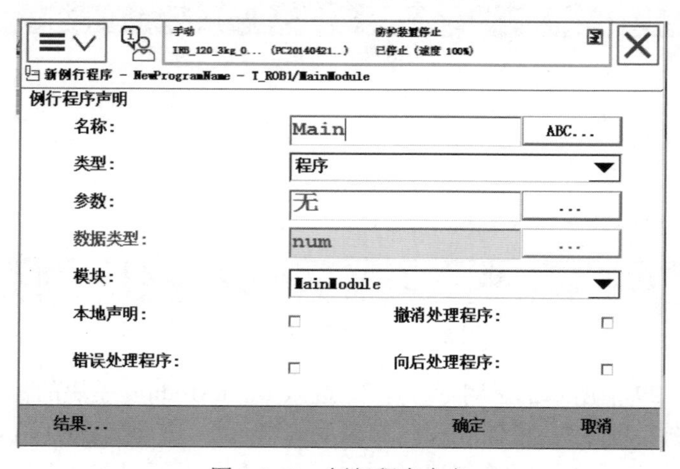

图 2-2-31　例行程序命名

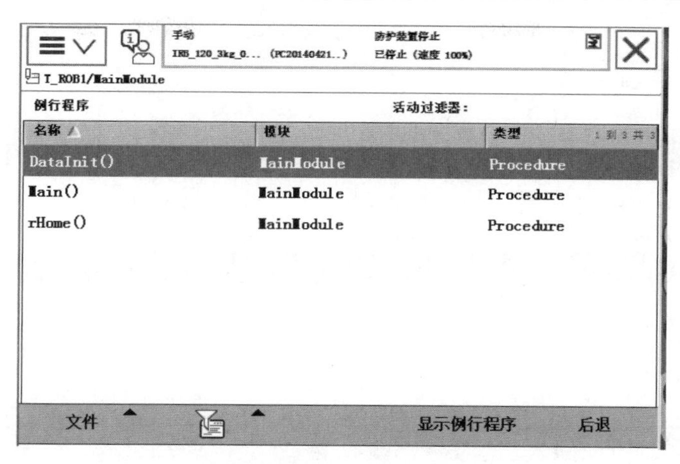

图 2-2-32　新建例行程序

（2）设计机器人主程序

根据控制要求，设计的机器人主程序如下（仅供参考）。

```
PROC Main()
    DataInit;                              !调用初始化子程序
    rHome;                                 !调用回原点子程序
    WaitUntil DI10_3 = 1;                  !等待 Start 开始信号
    WHILE TRUE DO                          !开始信号为真时，无限制循环
        Tracingrail;                       !循环绘制轨迹图子程序
    ENDWHILE
ENDPROC
```

（3）设计机器人初始化子程序

根据控制要求，设计的机器人初始化子程序如下（仅供参考）。

```
PROC DataInit()
    Accset 100，100;                       !定义机器人的加速度
    Velset 100，5000;                      !设定最大的速度与倍率
ENDPROC
```

（4）设计机器人回原点子程序

根据控制要求，设计的机器人回原点子程序如下（仅供参考）。

```
PROC rHome()
    MoveJ Home,v100,z100,tool0;            !机器人回到自定义安全点位置
ENDPROC
```

6．机器人绘轨迹图子程序的编写

（1）新建轨迹图子程序

参照前面所述的方法再新建“Tracingrail”“Tr_sanjiaoxing”“Tr_lvsekuang”“Tr_yuanhu”“Tr_wujiaoxing”“Tr_lanseyuan”“Tr_heishizi”“Tr_duobianxing”八个绘图单元子程序，如图 2-2-33、图 2-2-34 所示。

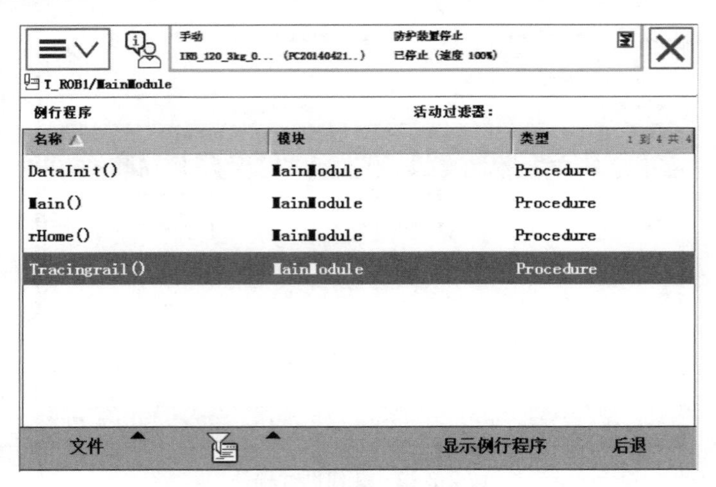

图 2-2-33　新建轨迹图子程序

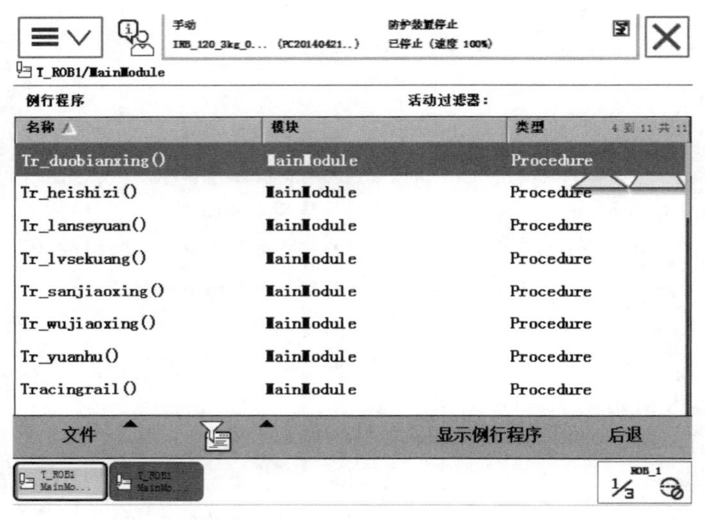

图 2-2-34　新建八个绘图单元子程序

（2）机器人绘制绿色多边形子程序 Tr_lvsekuang 的编写

① 根据控制要求和图 2-2-35 所示的绿色多边形示教点图形，编写绿色子程序；然后示教点 P10～P15、P33；最后使用示教器手动调试绿色多边形子程序，检查该程序。

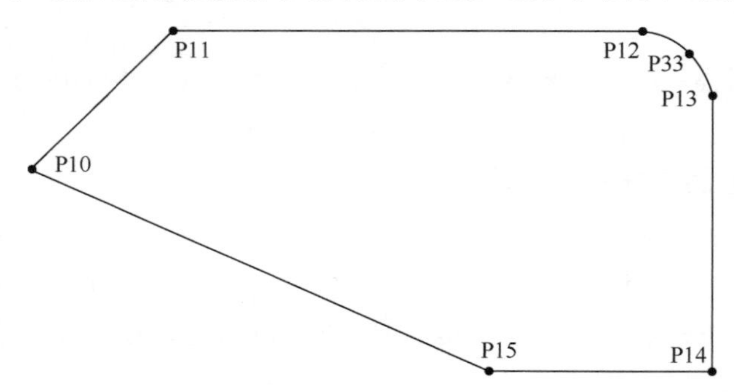

图 2-2-35　绿色多边形示教点图形

② 绿色多边形子程序（仅供参考）。

```
PROC Tr_lvsekuang ()
    !绿色多边形
    MoveJ Offs(p10,0,0,50),v300,z50,tool0;
    MoveL Offs(p10,0,0,0),v300,fine,tool0;
    MoveL Offs(p11,0,0,0),v300, fine,tool0;
    MoveL Offs(p12,0,0,0),v300, fine,tool0;
    MoveC p33, p13, v300, z60, tool0;
    MoveL Offs(p14,0,0,0),v300, fine,tool0;
    MoveL Offs(p15,0,0,0),v300, fine,tool0;
    MoveL Offs(p10,0,0,0),v300, fine,tool0;
    MoveL Offs(p10,0,0,50),v300,z50,tool0;
ENDPROC
```

③ 参照图 2-2-29 所示单击“例行程序”，进入如图 2-2-34 所示界面，单击 Tr_lvsekuang()，进入子程序中的“<SMT>”，光标跳至 Tr_lvsekuang 子程序位置，如图 2-2-36 所示。

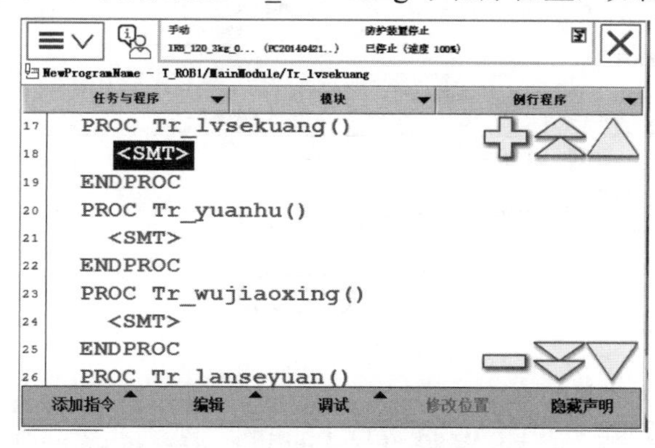

图 2-2-36　跳至 Tr_lvsekuang 子程序位置

④ 添加指令编写 Tr_lvsekuang 子程序：单击“添加指令”按钮，在 common 目录下单击“MoveJ”，指令 MoveJ 添加完成；再单击“MoveJ *,v1000,z50,tool0;”中的“*”进入编辑程序语句的详细信息界面，如图 2-2-37、图 2-2-38 所示。

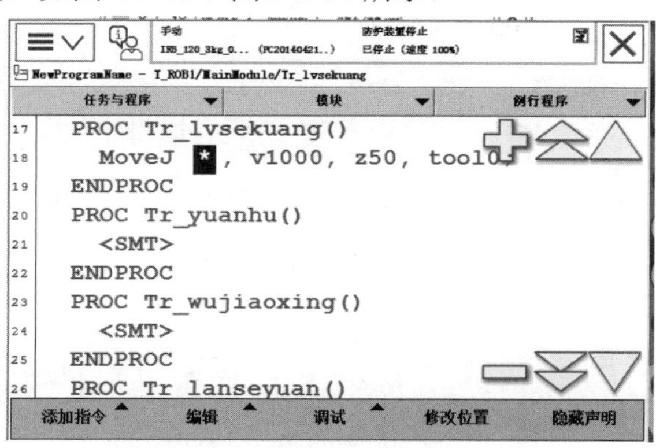

图 2-2-37　添加指令

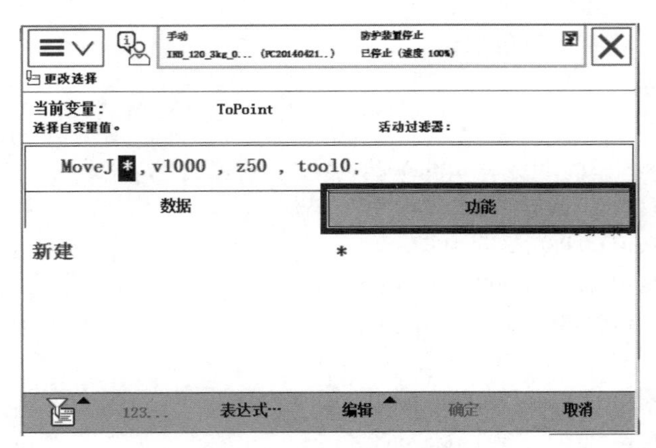

图 2-2-38　编辑程序语句

⑤ 单击图 2-2-38 中所示的“功能”，进入添加特殊功能偏移量“Offs”界面，单击“Offs”进入插入表达式界面，如图 2-2-39、图 2-2-40 所示。

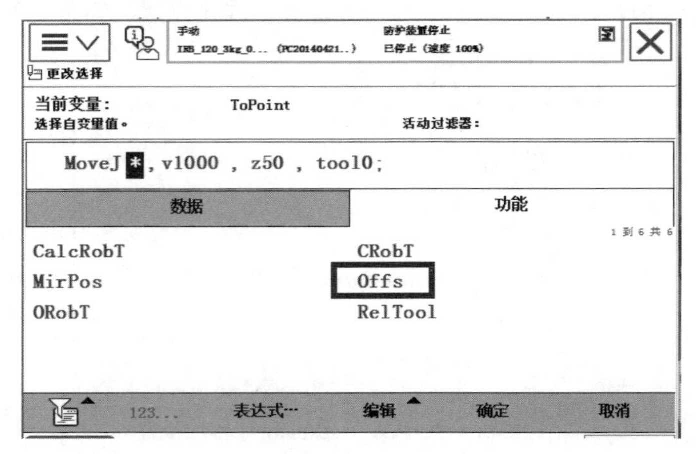

图 2-2-39　添加特殊功能偏移量“Offs”界面

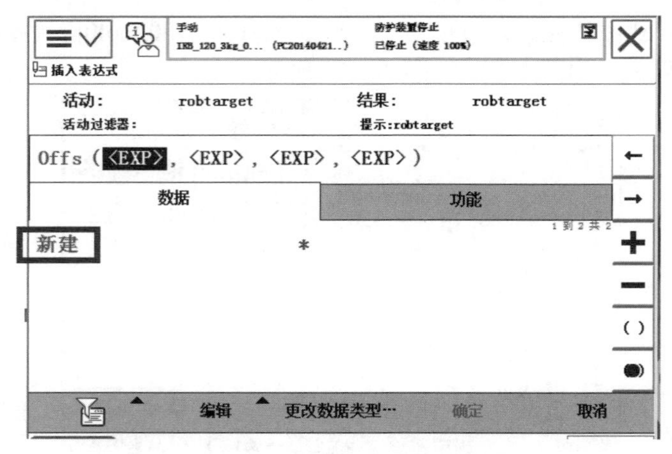

图 2-2-40　插入表达式界面

⑥ 如图 2-2-40 所示，第一个“EXP”表示示教点位、第二个“EXP”表示 *X* 坐标、第三个“EXP”表示 *Y* 坐标、第四个“EXP”表示 *Z* 坐标；单击第一个“EXP”后再单击“新建”弹出新数据声明界面，在名称文本框中选择需要的点位“p10”、存储类型选择“变量”，单击“确定”按钮，完成示教点 p10 的创建。同理创建 p11～p15、p33，如图 2-2-41、图 2-2-42 所示。

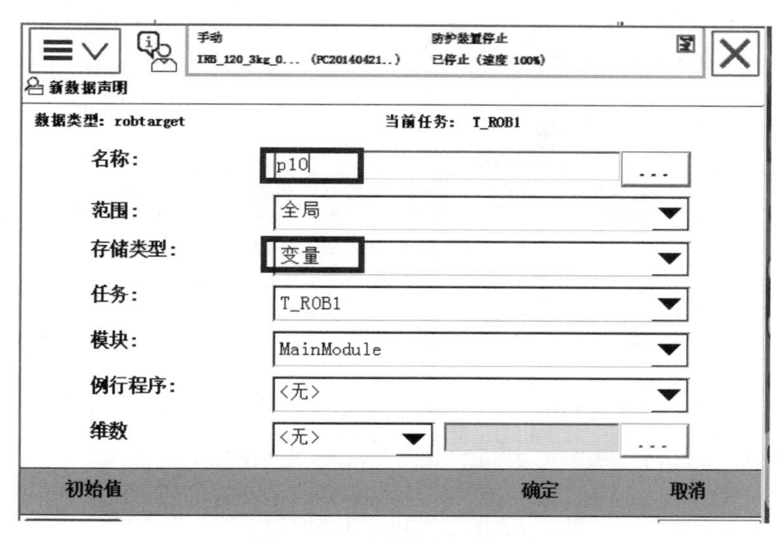

图 2-2-41　新数据声明界面

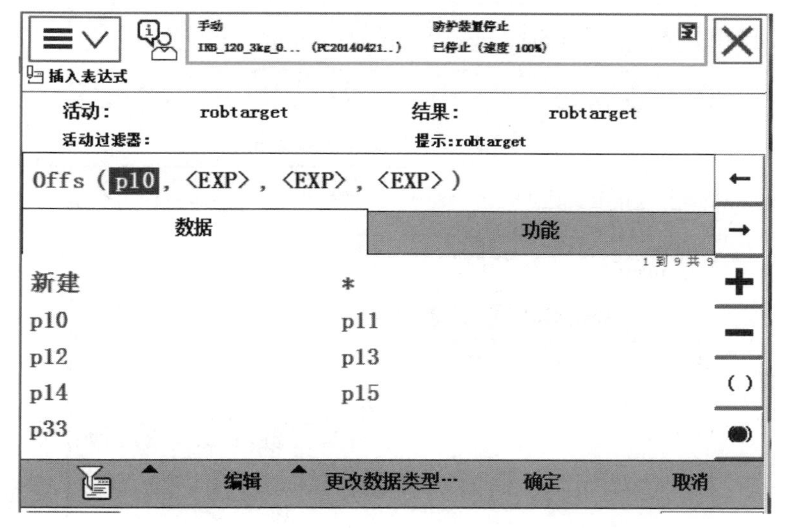

图 2-2-42　插入表达式界面

⑦ 单击第二个“EXP”后再单击“编辑”→“全部”，弹出“插入表达式”编辑界面，将第二个“EXP”改为“0”，第三个“EXP”改为“0”，第四个“EXP”为 *Z* 轴正方向需要的偏移量 50mm，即将第四个“EXP”改为“50”，单击两次“确定”按钮，完成点位偏移量的设置，如图 2-2-43～图 2-2-45 所示。

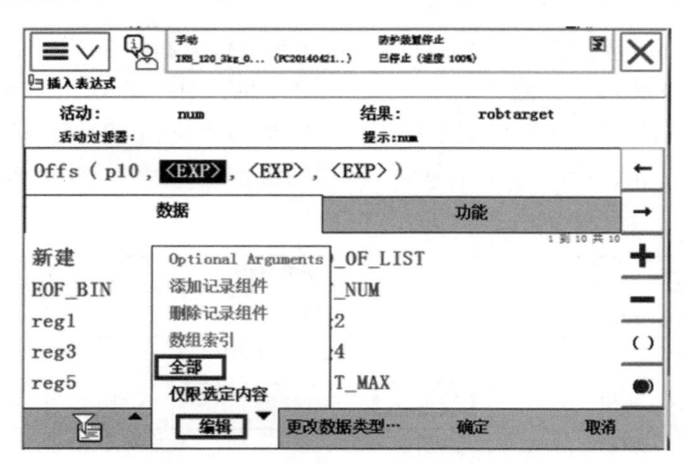

图 2-2-43　插入表达式操作步骤

图 2-2-44　设置点位偏移量

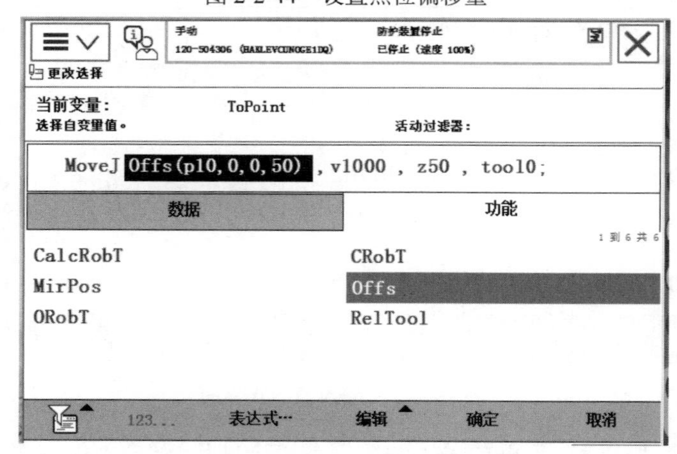

图 2-2-45　完成点位偏移量的设置

⑧ 在如图 2-2-45 所示界面中单击“v1000”，选择“v300”；单击“z50”，选择“z50”，工具默认“tool0”，单击“确定”按钮完成相应的设置，再单击“确定”按钮，完成指令的添加，如图 2-2-46 所示。

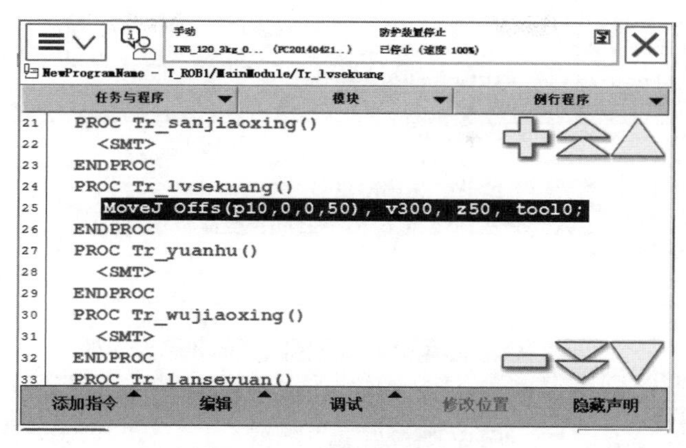

图 2-2-46 完成指令的添加

⑨ 同理，添加“MoveL”指令，程序语句设置为“MoveL Offs(p10,0,0,0),v300,fine,tool0;”，如图 2-2-47 所示。

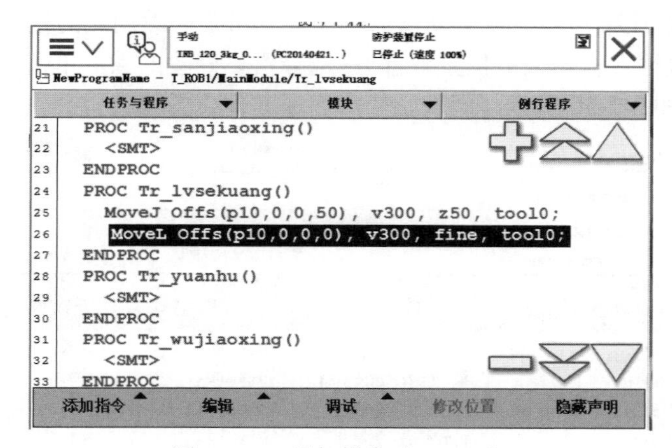

图 2-2-47 添加指令“MoveL”

⑩ 程序语句的复制与粘贴：光标全部选中“MoveL offs(p10,0,0,0), v300, fine, tool0;”语句，单击“编辑”→“复制”→“粘贴”，将其复制到下一行。同理添加程序中的其他程序语句，完成程序的编写，如图 2-2-48、图 2-2-49 所示。

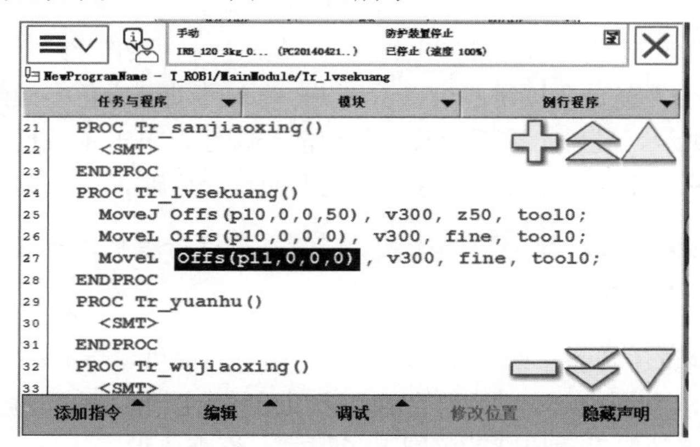

图 2-2-48 程序语句的复制与粘贴

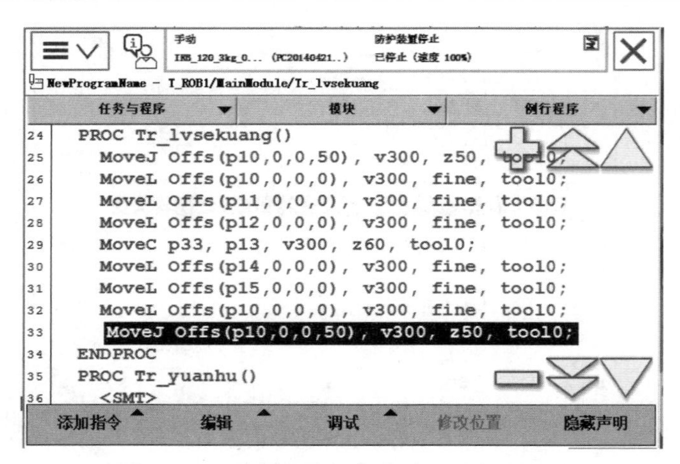

图 2-2-49　编辑后的绿色多边形子程序界面

⑪ 机器人程序位置点的修改。

绿色多边形子程序编写完成后手动操纵机器人到所要修改的点的位置，进入“程序数据”中的“robtarget”数据（机器人点位置数据），选择所要修改的点，单击“编辑”→“修改位置”完成修改，如图 2-2-50 所示。同理，依次完成其他点的修改。

数据类型：robtarget

选择想要编辑的数据。　活动过滤器：

范围：RAPID/T_ROB1　更改范围

名称	值	模块	1 到 7 共 7
p10	[[374,0,630],[0.7...	MainModule	全局
p11	[[374,0,	ainModule	全局
p12	[[374,0,	ainModule	全局
p13	[[374,0,	ainModule	全局
p14	[[374,0,	ainModule	全局
p15	[[374,0,	ainModule	全局
p33	[[374,0,	ainModule	全局

删除　更改声明　更改值　复制　定义　修改位置

新建...　编辑　刷新　查看数据类型

图 2-2-50　机器人程序位置点的修改

⑫ 手动调试绿色多边形子程序：单击“调试”→“PP 移至例行程序...”；选择“Tr_lvsekuang”，单击“确定”按钮；可以看到 PP 箭头移动到绿色多边形子程序的第一段程序上，如图 2-2-51 所示。最后，按下示教器的使能器按钮，单击示教器上的“⊙”按钮，运行绿色多边形子程序，机器人完成绘制绿色多边形的轨迹运动。

【思考】如果把程序中的“fine”都改成“z50”，试运行程序，机器人完成绘制绿色多边形轨迹运动的姿态是否改变？

（3）机器人绘制黄色圆弧子程序 Tr_yuanhu 的编写（仅供参考）

① 根据控制要求和图 2-2-52 所示的黄色圆弧示教点图形：编写黄色圆弧子程序；示教点 P16～P32；使用示教器手动调试黄色圆弧子程序，检查该程序。

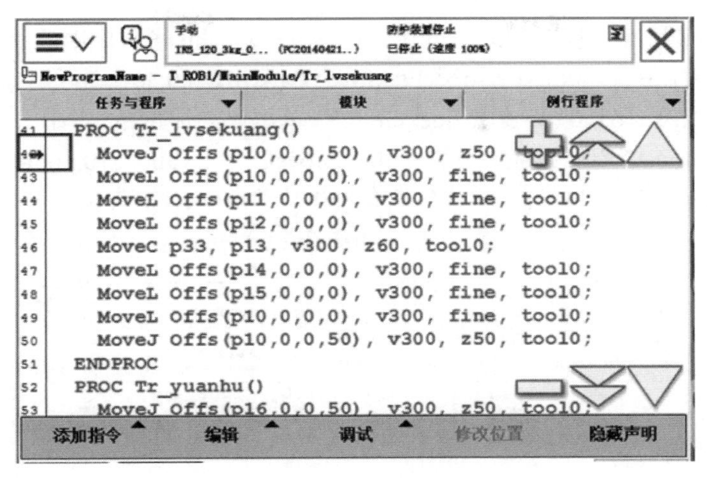

图 2-2-51 手动调试绿色多边形子程序界面

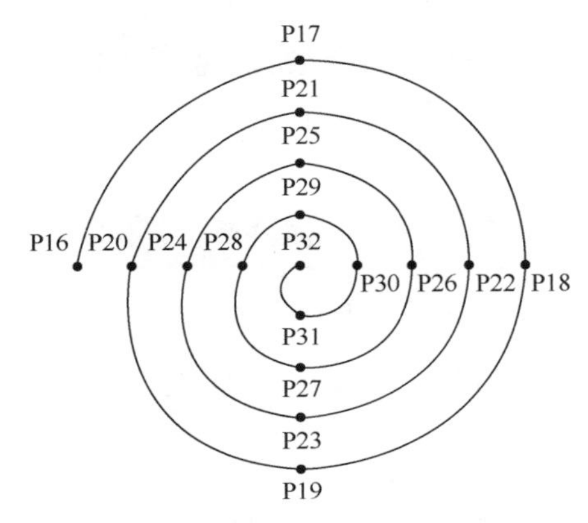

图 2-2-52 黄色圆弧示教点图形

② 黄色圆弧子程序（仅供参考）。

```
PROC Tr_yuanhu ()
    !黄色圆弧
    MoveJ Offs(p16,0,0,50),v300,z50,tool0;
    MoveL Offs(p16,0,0,0),v300,fine,tool0;
    MoveC p17, p18, v300, z60, tool0;
    MoveC p19, p20, v300, z60, tool0;
    MoveC p21, p22, v300, z60, tool0;
    MoveC p23, p24, v300, z60, tool0;
    MoveC p25, p26, v300, z60, tool0;
    MoveC p27, p28, v300, z60, tool0;
    MoveC p29, p30, v300, z60, tool0;
    MoveC p31, p32, v300, z60, tool0;
    MoveL Offs(p32,0,0,50),v300,z50,tool0;
ENDPROC
```

③ 参照绿色多边形子程序的编写方法，单击 Tr_yuanhu 子程序中的“<SMT>”，光标跳到 Tr_yuanhu 子程序位置。添加程序语句“MoveJ Offs(p16,0,0,50),v300,z50 ,tool0”；再添加程序语句“MoveL Offs(p16,0,0,0),v300, fine ,tool0”；单击“添加指令”，在 common 目录下单击“MoveC”，指令 MoveC 添加完成；分别单击“MoveC *, *, v300, z10, tool0;”中的两个“*”，进入编辑程序语句详细信息界面，将程序语句修改为“MoveC p17, p18, v300, z60, tool0;”，单击两次“确定”按钮，返回程序编辑界面，如图 2-2-53 所示。

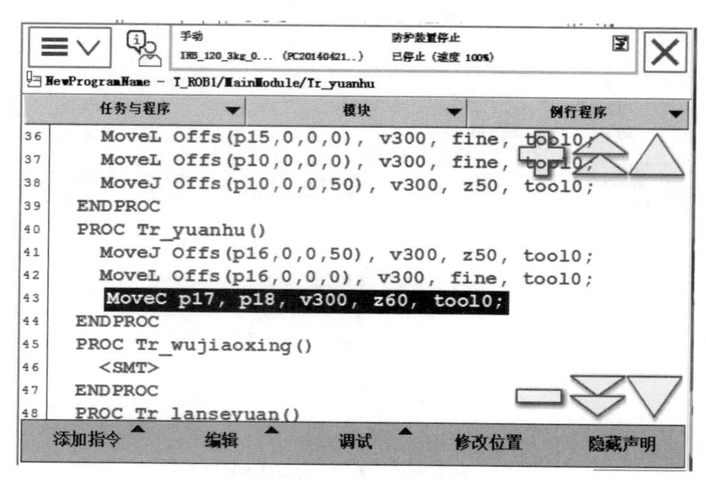

图 2-2-53 黄色圆弧程序的编辑

④ 同理，采用“复制”“粘贴”编辑添加其他程序语句，完成黄色圆弧子程序的编写，如图 2-2-54 所示。

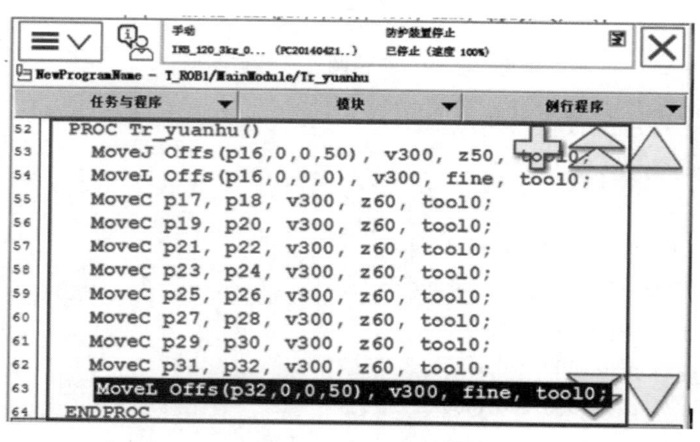

图 2-2-54 编辑后的黄色圆弧子程序界面

⑤ 参考绿色多边形子程序的示教与调试方式，示教黄色圆弧轨迹点及手动调试黄色圆弧子程序。

（4）机器人绘制红色五角星子程序 Tr_wujiaoxing 的编写（仅供参考）

① 根据控制要求和图 2-2-55 所示的红色五角星示教点图形：编写红色五角星子程序；示教点 P34～P43；使用示教器手动调试红色五角星子程序，检查该程序。

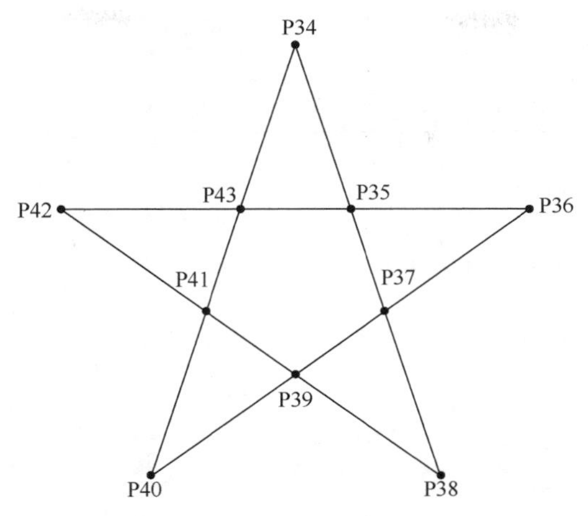

图 2-2-55　红色五角星示教点图形

② 红色五角星子程序（仅供参考）。

```
PROC Tr_wujiaoxing ()
    !红色五角星
    MoveJ Offs(p34,0,0,50),v300,z50 ,tool0;
    MoveL Offs(p34,0,0,0),v300,fine,tool0;
    MoveL Offs(p35,0,0,0),v300, fine,tool0;
    MoveL Offs(p36,0,0,0),v300, fine,tool0;
    MoveL Offs(p37,0,0,0),v300, fine,tool0;
    MoveL Offs(p38,0,0,0),v300, fine,tool0;
    MoveL Offs(p39,0,0,0),v300, fine,tool0;
    MoveL Offs(p40,0,0,0),v300, fine,tool0;
    MoveL Offs(p41,0,0,0),v300, fine,tool0;
    MoveL Offs(p42,0,0,0),v300, fine,tool0;
    MoveL Offs(p43,0,0,0),v300, fine,tool0;
    MoveL Offs(p34,0,0,0),v300, fine,tool0;
    MoveL Offs(p34,0,0,50),v300, fine,tool0;
ENDPROC
```

③ 参照绿色多边形子程序的编写方法，单击 Tr_wujiaoxing 子程序中的“<SMT>”，光标跳到红色五角星子程序位置。参考前面介绍的子程序的编写方法完成红色五角星子程序的编写，如图 2-2-56 所示。

④ 参考前面子程序的示教与调试方式，示教红色五角星轨迹点及手动调试红色五角星子程序。

【思考】如果把程序中的“fine”都改成“z0”，试运行程序，机器人完成绘制红色五角星轨迹运动的姿态是否改变？

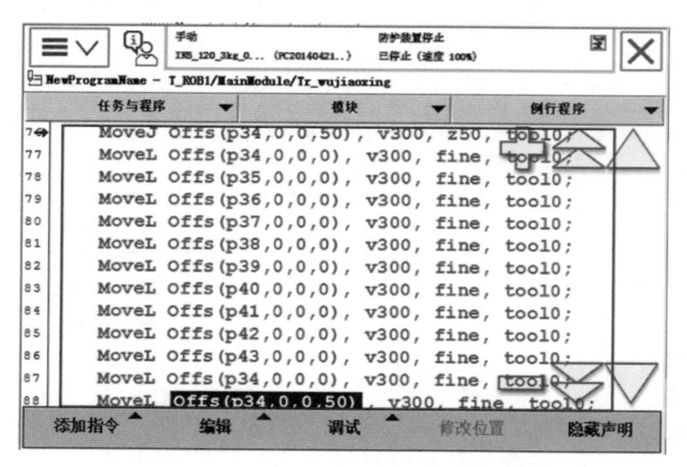

图 2-2-56　编辑后的红色五角星子程序界面

（5）机器人绘制黑色十字子程序 Tr_heishizi 的编写（仅供参考）

① 根据控制要求和图 2-2-57 所示的黑色十字示教点图形：编写黑色十字子程序；示教点 P56～P59、P63、P68；使用示教器手动调试黑色十字子程序，检查该程序。

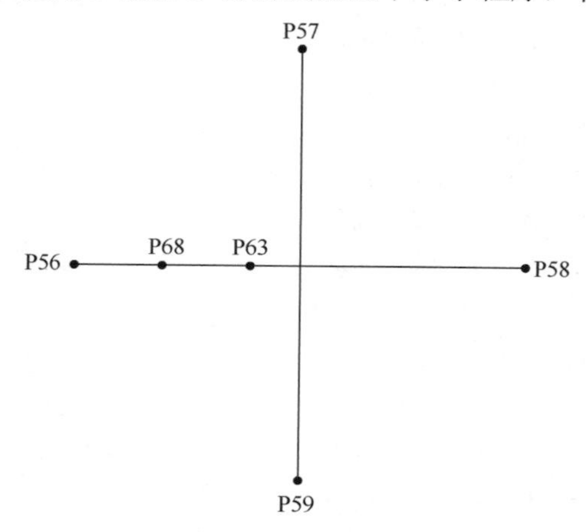

图 2-2-57　黑色十字示教点图形

② 黑色十字子程序（仅供参考）。

```
PROC Tr_heishizi ()
    !黑色十字
    MoveJ Offs(p56,0,0,50),v300,z50,tool0;
    MoveL Offs(p56,0,0,0),v300,z50,tool0;
    MoveL Offs(p68,0,0,0),v300,z50,tool0;
    MoveL Offs(p63,0,0,0),v300,z50,tool0;
    MoveL Offs(p58,0,0,0),v300,z50,tool0;
    MoveL Offs(p58,0,0,50),v300,fine,tool0;
    MoveJ Offs(p57,0,0,50),v300,z50,tool0;
    MoveL Offs(p57,0,0,0),v300,fine,tool0;
    MoveL Offs(p59,0,0,0),v300, fine,tool0;
```

```
        MoveL Offs(p59,0,0,50),v300, fine,tool0;
    ENDPROC
```

③ 参照绿色多边形子程序的编写方法，单击 Tr_heishizi 子程序中的“<SMT>”，光标跳到 Tr_heishizi 子程序位置，完成黑色十字子程序的编写，如图 2-2-58 所示。

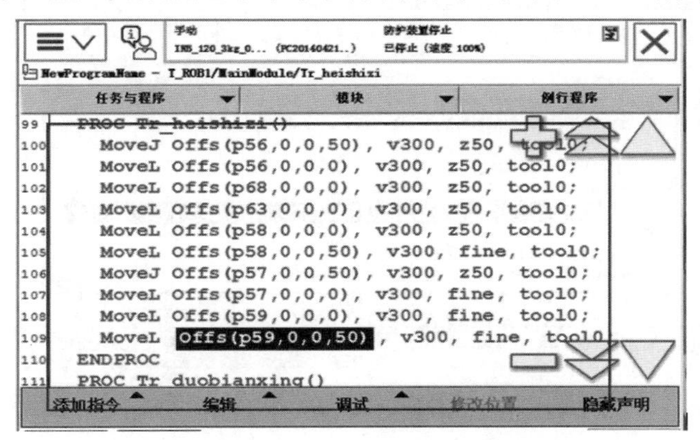

图 2-2-58　编辑后的黑色十字子程序界面

④ 参考前面子程序的示教与调试方式，示教黑色十字轨迹点及手动调试黑色十字子程序。

（6）机器人蓝色圆子程序 Tr_lanseyuan 的编写（仅供参考）。

① 根据控制要求和图2-2-59所示的蓝色圆示教点图形：编写蓝色圆子程序；示教点P56～P59；使用示教器手动调试蓝色圆子程序，检查该程序。

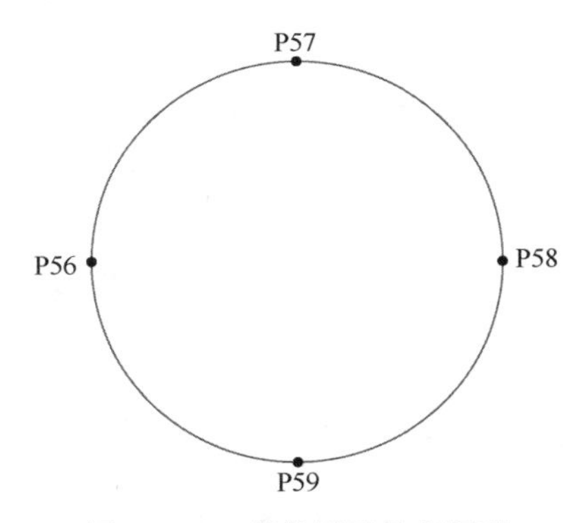

图 2-2-59　蓝色圆示教点图形

② 蓝色圆子程序（仅供参考）。

```
    PROC Tr_lanseyuan ()
        !蓝色圆
        MoveJ Offs(p59,0,0,50),v300,z50 ,tool0;
        MoveL Offs(p59,0,0,0),v300,fine,tool0;
        MoveC p58, p57, v300, z60, tool0;
        MoveC p56, p59, v300, z60, tool0;
        MoveL Offs(p59,0,0,50),v300, fine,tool0;
    ENDPROC
```

③ 参照绿色多边形子程序的编写方法，单击 Tr_lanseyuan 子程序中的“<SMT>”，光标跳到 Tr_lanseyuan 子程序位置，完成蓝色圆子程序的编写，如图 2-2-60 所示。

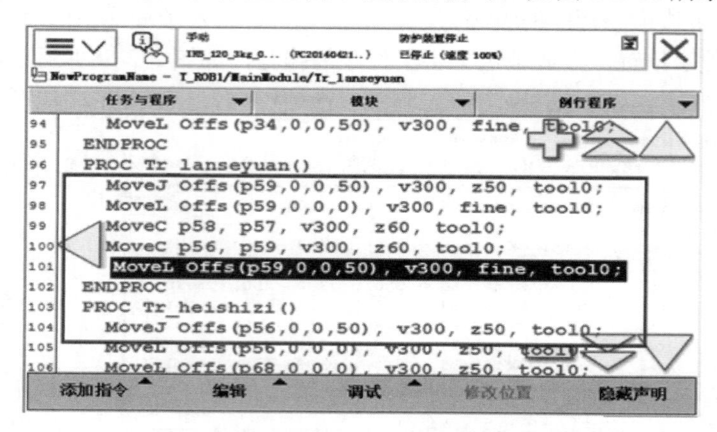

图 2-2-60　编辑后的蓝色圆子程序界面

④ 参考前面子程序的示教与调试方式，示教蓝色圆轨迹点及手动调试蓝色圆子程序。

（7）机器人红色三角形子程序 Tr_sanjiaoxing 的编写（仅供参考）。

① 根据控制要求和图 2-2-61 所示的红色三角形示教点图形：编写红色三角形子程序；示教点 P60～P62、P64～P65、P72～P74；使用示教器手动调试红色三角形子程序，检查该程序。

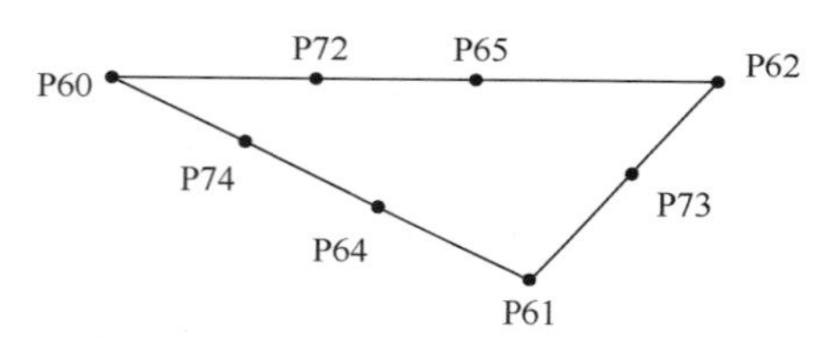

图 2-2-61　红色三角形示教点图形

② 红色三角形子程序（仅供参考）。

```
PROC Tr_sanjiaoxing ()
    !红色三角形
    MoveJOffs(p60,0,0,50),v300,z50,tool0;
    MoveL Offs(p60,0,0,0),v300,z50,tool0;
    MoveL Offs(p74,0,0,0),v300,z50,tool0;
    MoveL Offs(p64,0,0,0),v300,z50,tool0;
    MoveL Offs(p61,0,0,0),v300,z50,tool0;
    MoveL Offs(p73,0,0,0),v300,z50,tool0;
    MoveL Offs(p62,0,0,0),v300,z50,tool0;
    MoveL Offs(p65,0,0,0),v300,z50,tool0;
    MoveL Offs(p72,0,0,0),v300,z50,tool0;
    MoveL Offs(p60,0,0,0),v300,z50,tool0;
    MoveL Offs(p60,0,0,50),v300,z50,tool0;
```

```
ENDPROC
```

③ 参照绿色多边形子程序的编写方法，单击 Tr_sanjiaoxing 子程序中的“<SMT>”，光标跳到 Tr_sanjiaoxing 子程序位置，完成红色三角形子程序的编写，如图 2-2-62 所示。

图 2-2-62　编辑后的红色三角形子程序界面

④ 参考前面子程序的示教与调试方式，示教红色三角形轨迹点及手动调试红色三角形子程序。

（8）机器人蓝色多边形子程序 Tr_duobianxing 的编写（仅供参考）

① 根据控制要求和图 2-2-63 所示的红色多边形示教点图形：编写红色多边形子程序；示教点 P44～P55、P66、P67；使用示教器手动调试红色多边形子程序，检查该程序。

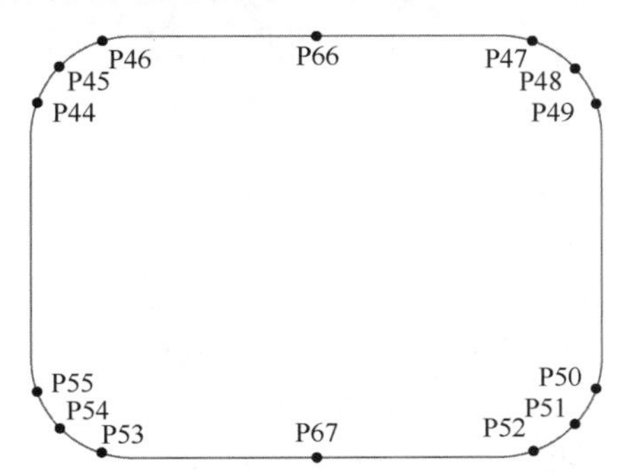

图 2-2-63　红色多边形示教点图形

② 红色多边形子程序（仅供参考）。

```
PROC Tr_duobianxing ()
    !红色多边形
    MoveJ Offs(p44,0,0,50),v300,z50 ,tool0;
    MoveL Offs(p44,0,0,0),v300,fine,tool0;
    MoveC p45, p46, v300, z60, tool0;
    MoveL Offs(p66,0,0,0),v300, fine,tool0;
    MoveL Offs(p47,0,0,0),v300, fine,tool0;
    MoveC p48, p49, v300, z60, tool0;
    MoveL Offs(p50,0,0,0),v300, fine,tool0;
```

```
        MoveC p51, p52, v300, z60, tool0;
        MoveL Offs(p67,0,0,0),v300, fine,tool0;
        MoveL Offs(p53,0,0,0),v300, fine,tool0;
        MoveC p54, p55, v300, z60, tool0;
        MoveL Offs(p44,0,0,0),v300, fine,tool0;
        MoveL Offs(p44,0,0,50),v300, z50,tool0;
        MoveJ Home,v100,z100,tool0;
    ENDPROC
```

③ 参照绿色多边形子程序的编写方法，单击 Tr_duobianxing 子程序中的“<SMT>”，光标跳到 Tr_duobianxing 子程序位置，完成红色多边形子程序的编写，如图 2-2-64 所示。

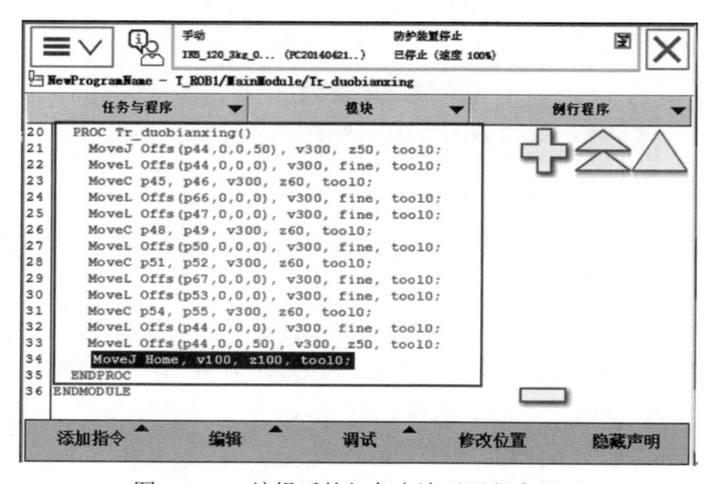

图 2-2-64 编辑后的红色多边形子程序界面

④ 参考前面子程序的示教与调试方式，示教红色多边形轨迹点及手动调试红色多边形子程序。

（9）机器人绘制轨迹总子程序 Tracingrail 的编写（仅供参考）

① 根据控制要求和图 2-2-18 所示的机器人程序流程图：编写 Tracingrail 子程序；使用示教器手动调试 Tracingrail 子程序，检查该程序。

② 绘制轨迹总子程序（仅供参考）。

```
PROC Tracingrail()
    MoveJ Home,v100,z100,tool0;
    Tr_lvsekuang;
    Tr_yuanhu;
    Tr_wujiaoxing;
    Tr_heishizi;
    Tr_lanseyuan;
    Tr_sanjiaoxing;
    Tr_duobianxing;
ENDPROC
```

③ 参照绿色多边形子程序的编写方法，单击 Tracingrail 子程序中的“<SMT>”，光标跳

到 Tracingrail 子程序位置，完成绘制轨迹总子程序的编写，如图 2-2-65 所示。

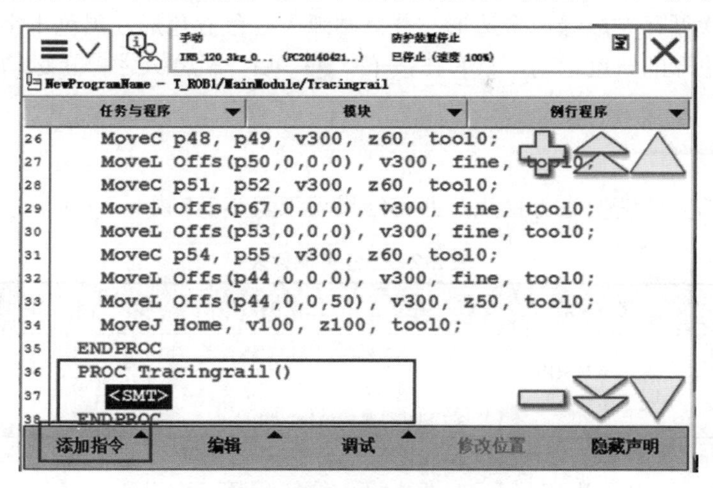

图 2-2-65　绘制轨迹总子程序编辑界面

④ 单击图 2-2-65 所示界面中的“添加指令”，添加程序语句“MoveJ Home, v100, Z100, tool0;”，让机器人回到绘图定义安全位置，然后在 common 目录下寻找并单击指令“ProcCall”，进入子程序调用界面，选择子程序“Tr_lvsekuang”，单击“确定”按钮，成功调用“Tr_lvsekuang”子程序。同理，调用剩下六个子程序“Tr_yuanhu”“Tr_wujiaoxing”“Tr_heishizi”“Tr_lanseyuan”“Tr_sanjiaoxing”和“Tr_duobianxing”；编辑后的绘制轨迹总子程序界面如图 2-2-66 所示。

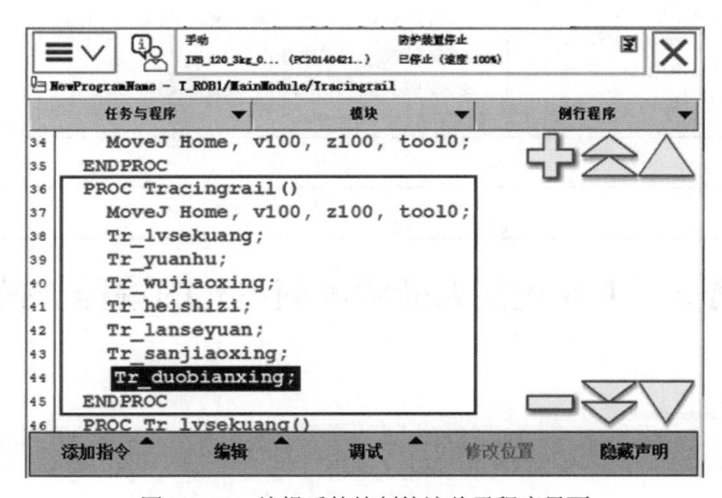

图 2-2-66　编辑后的绘制轨迹总子程序界面

⑤ 参考前面子程序的示教与调试方式，示教绘制轨迹总轨迹点和手动调试绘制轨迹总子程序。

7．手动测试机器人自动运行

将机器人控制柜的钥匙旋钮旋至左侧图标“ ”处，在示教器上单击“确定”按钮，允许机器人自动允许；再单击“PP 移至 Main”，最后单击“是”按钮，使 PP 指针移动到 Main

程序第一行；单击伺服开关“”，伺服开关灯亮。单击操作器上的“”按钮，机器人开始自动运行，依次循环完成绿色多边形、黄色圆弧、红色五角形、黑色十字、蓝色圆、红色三角形和蓝色多边形的轨迹运动，只有在按下“”后，机器人才停止运动。

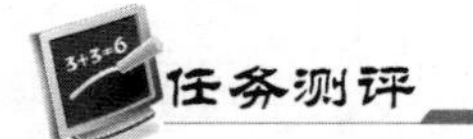

任务测评

对任务实施的完成情况进行检查，并将结果填入表 2-2-5 内。

表 2-2-5 任务测评表

序号	主要内容	考核要求	评分标准	配分	扣分	得分
1	机械安装	夹具与模块固定牢紧，不缺少螺丝	1. 夹具与模块安装位置不合适，扣 5 分 2. 夹具或模块松动，扣 5 分 3. 损坏夹具或模块，扣 10 分	10		
2	机器人程序设计与示教操作	I/O 配置完整，程序设计正确，机器人示教正确	1. 操作机器人动作不规范，扣 5 分 2. 机器人不能完成工件装配，每个轨迹扣 10 分 3. 缺少 I/O 配置，每处扣 1 分 4. 程序缺少输出信号设计，每处扣 1 分 5. 工具坐标系定义错误或缺失，每处扣 5 分	70		
4	PLC 程序设计	PLC 程序正确；I/O 配置完整；PLC 程序完整	1. PLC 程序出错，扣 3 分 2. PLC 配置不完整，每处扣 1 分 3. PLC 程序缺失，视情况严重性扣 3～10 分	10		
5	安全文明生产	劳动保护用品穿戴整齐；遵守操作规程；讲文明礼貌；操作结束要清理现场	1. 操作中，违反安全文明生产考核要求的任何一项扣 5 分，扣完为止 2. 当发现学生有重大事故隐患时，要立即予以制止，并每次扣安全文明生产分 5 分 3. 穿戴不整洁，扣 2 分；设备不还原，扣 5 分；现场不清理，扣 5 分	10		
合 计						
开始时间：			结束时间：			

任务 3 工业机器人检测排列单元的编程与操作

学习目标

✧ 知识目标

1. 掌握检测排列单元的机器人程序编写。
2. 掌握常用 I/O 控制指令的应用。

✧ 能力目标

1. 能够完成检测排列模块及双吸盘夹具的安装。
2. 能够完成检测排列单元的机器人程序编写。
3. 能够完成检测排列单元 PLC 程序编写。

工作任务

如图 2-3-1 所示是一个工业机器人检测排列单元模型工作站，其检测排列模型结构示意图如图 2-3-2 所示。本任务采用示教编程方法，操作机器人实现检测排列单元的示教。

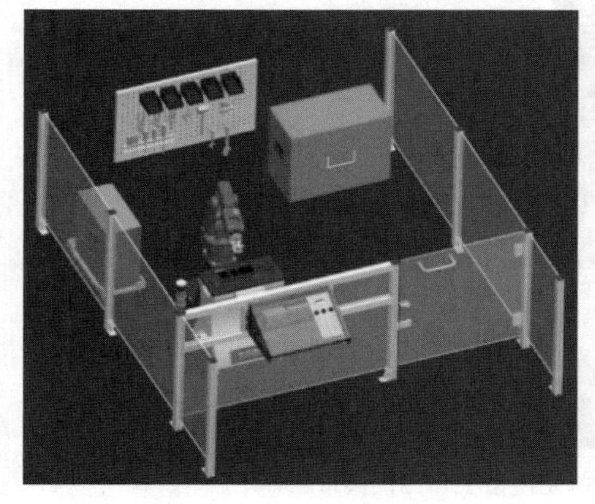

图 2-3-1　工业机器人检测排列单元模型工作站

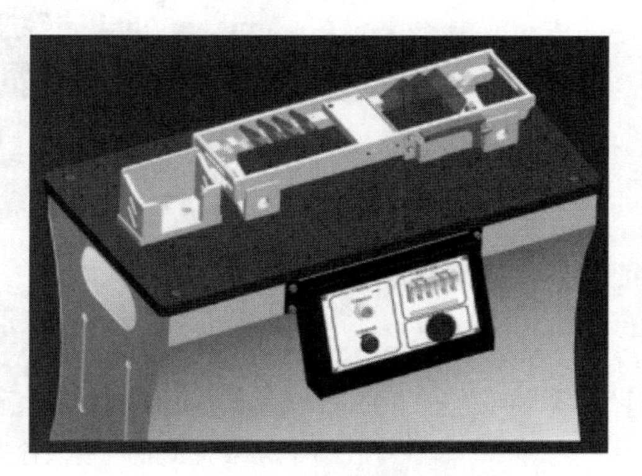

图 2-3-2　检测排列模型结构示意图

具体控制要求如下：

1．将电气控制板面板“启动”钮子开关 SB1 置于 ON”，设备给出“启动”信号，机器人伺服上电；再将钮子开关 SB1 置于“OFF”；然后将钮子开关 SB2 置于“ON”，机器人进入主程序，再将 SB2 置于“OFF”，“运行”指示灯绿灯亮；系统进入等待状态后，将钮子开关 SB3 置于“ON”，机器人开始拾取玻璃板到检测台检测，根据检测判断玻璃长边选择排列插入方向；依次循环。

2．将电气控制板面板“停止”钮子开关 SB5 置于“ON”，设备给出“停止”信号，再将 SB5 置于“OFF”，“停止”指示灯红灯亮，系统进入停止状态，所有气动机构均保持状态不变。

相关知识

一、工业机器人检测排列单元模型工作站

工业机器人检测排列单元模型工作站通过吸盘夹具拾取玻璃板到检测台检测，根据检测判断玻璃长边选择插入方向。其主要由 6 轴工业机器人、检测排列模型、模型实训平台等组成，如图 2-3-3 所示。

1．工业机器人的系统组成

本工作站所采用的是一款额定负载为 3kg，小型 6 自由度的 IRB 型工业机器人。它由机器人本体、控制器、示教器和连接电缆组成，如图 2-3-4 所示。

2．检测排列模型

检测排列模型结构示意图如图 2-3-5 所示。其主要部件组成见表 2-3-1。

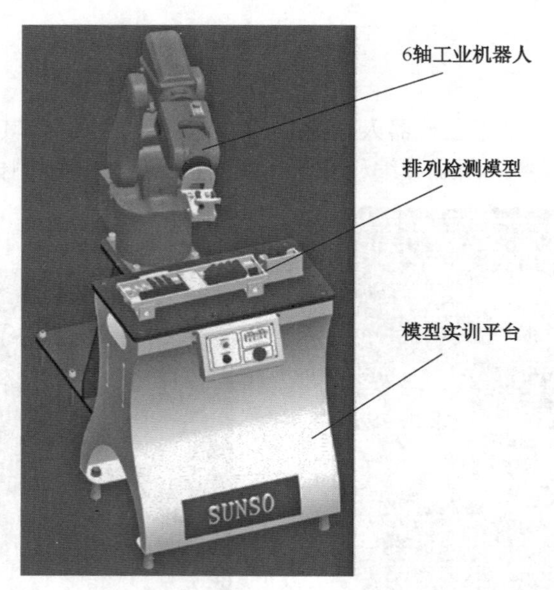

图 2-3-3　工业机器人检测排列单元模型工作站的组成

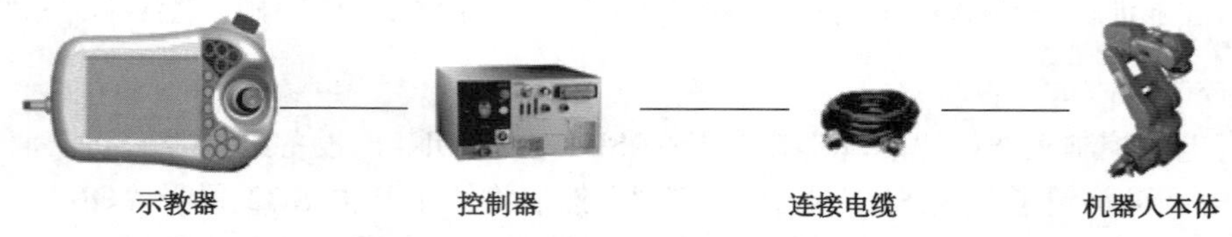

图 2-3-4　工业机器人系统组成示意图

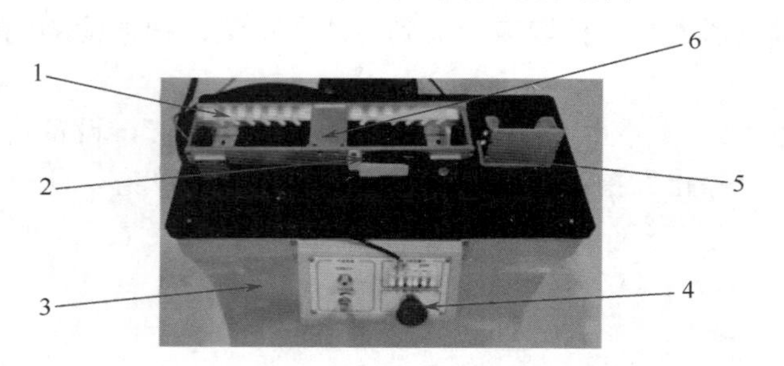

图 2-3-5　检测排列模型结构示意图

表 2-3-1　检测排列轨迹训练模型组成部件

序　号	名　称	序　号	名　称	序　号	名　称
1	检测排列支架	2	光纤放大器	3	模型实训平台
4	急停按钮	5	物料仓	6	传感器检测头

二、常用 I/O 控制指令

1. Set 指令

Set 指令的功能是将数字输出信号置 1。例如：

```
Set Do1;
```

将数字输出信号 Do1 置 1。

2. Reset 指令

Reset 指令的功能是将数字输出信号置 0。例如：

```
Reset Do1;
```

将数字输出信号 Do1 置 0。

【提示】

（1）“Set Do1;” 等同于 “SetDO Do1，1;”。

（2）“Reset Do1;” 等同于 “SetDO Do1，0;”。另外 SetDO 还可设置延迟时间，如“SetDO\SDelay:=0.2,Do1,1;” 表示延迟 0.2s 后将 Do1 置 1。

3. WaitDI 指令

WaitDI 指令的功能是等待一个输入信号状态为设定值。例如：

```
WaitDI Dil, 1;
```

等待数字输入信号 Dil 为 1 之后才执行下面命令。

【提示】

“WaitDI Dil, 1;” 等同于 “WaitUntil Dil=1;”。另外，WaitUntil 应用更为广泛，其等待后面的条件为 TRUE 时才继续执行，如：

```
WaitUntil bRead=False;
WaitUntil numl=1;
```

一、任务准备

实施本任务教学所使用的实训设备及工具材料可参考表 2-3-2。

表 2-3-2　实训设备及工具材料

序号	分类	名称	型号规格	数量	单位	备注
1	工具	内六角扳手	3.0mm	1	个	工具墙
2		内六角扳手	4.0mm	1	个	工具墙
3	设备器材	内六角螺丝	M5	8	颗	工具墙黄色盒
4		双吸盘夹具		1	个	物料间领料
5		检测排列模块		1	个	物料间领料

二、检测排列模型的安装

（1）把检测排列支架与物料仓放置到训练平台合适位置，并使模型螺丝孔与实训平台螺丝孔对应；注意：要保持物料仓开口侧面向机器人方向，这样方便机器人拾取物料，如图 2-3-6 所示。

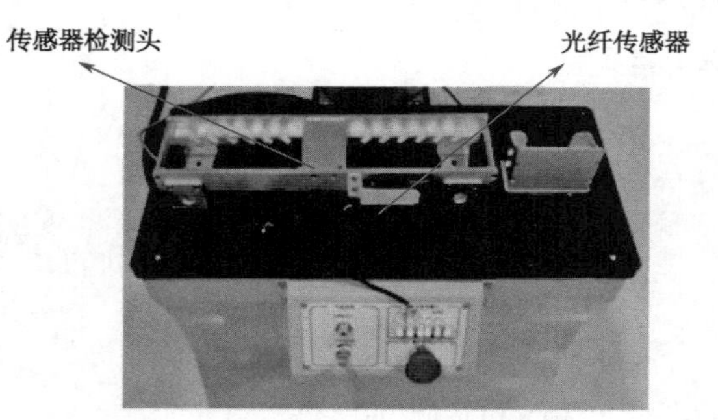

图 2-3-6　检测排列模型的安装

（2）将检测排列模型的传感器安装到相应位置，并将传感器的引线与实训平台信号接口上的传感器按压端子连接，按压端子左侧 3 位分别连接传感器电源+（棕色）、电源-（蓝色）、信号端子（黑色或白色），如图 2-3-7 所示。

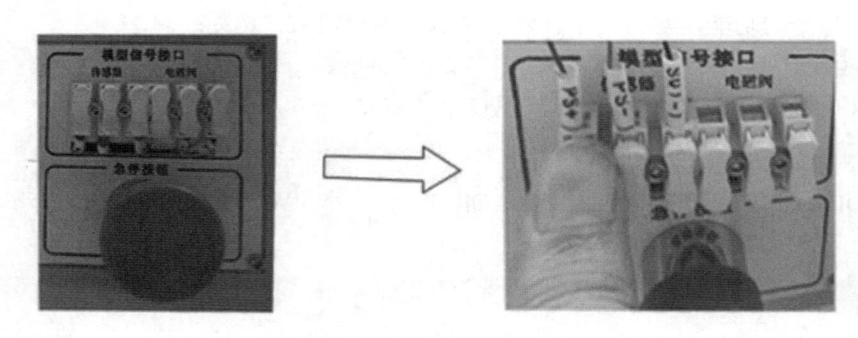

图 2-3-7　传感器接线示意图

三、双吸盘夹具的安装

此检测排列模型采用双吸盘夹具。首先把双吸盘夹具调整到合适位置（利于机器人在运转中吸取物料），并把夹具安装孔与机器人 J6 轴安装孔位对正，然后用四个螺丝把夹具锁紧到 J6 轴上；再将气管与夹具吸盘上真空发生器的输入端连接，如图 2-3-8 所示。

四、设计控制原理方框图

根据控制要求，设计控制原理方框图如图 2-3-9 所示。

图 2-3-8　双吸盘夹具的安装

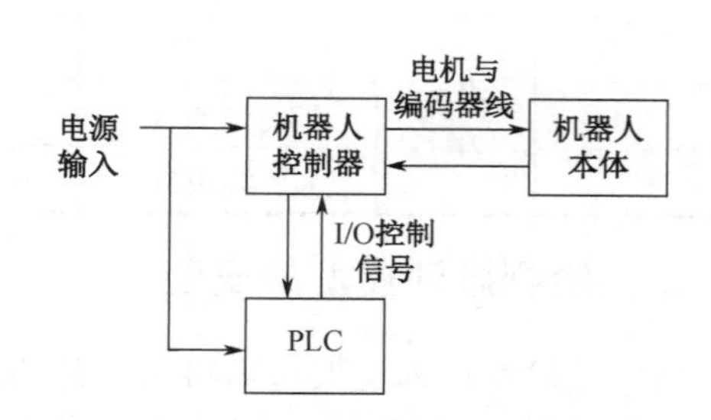

图 2-3-9　控制原理方框图

五、设计 PLC 的 I/O 控制原理图

根据任务要求，可设计出 PLC 的 I/O 控制原理图，如图 2-3-10 所示。图中的 I1.7 是检测输入信号，经 PLC 转换输出至 Q1.7 端口，对应输入机器人信号（IN9）；Q1.0（对应 OUT9）是双吸盘夹具上吸盘 1 的控制 YV1 电磁阀控制信号，Q1.1（对应 OUT10）是双吸盘夹具上吸盘 2 的控制 YV2 电磁阀控制信号。

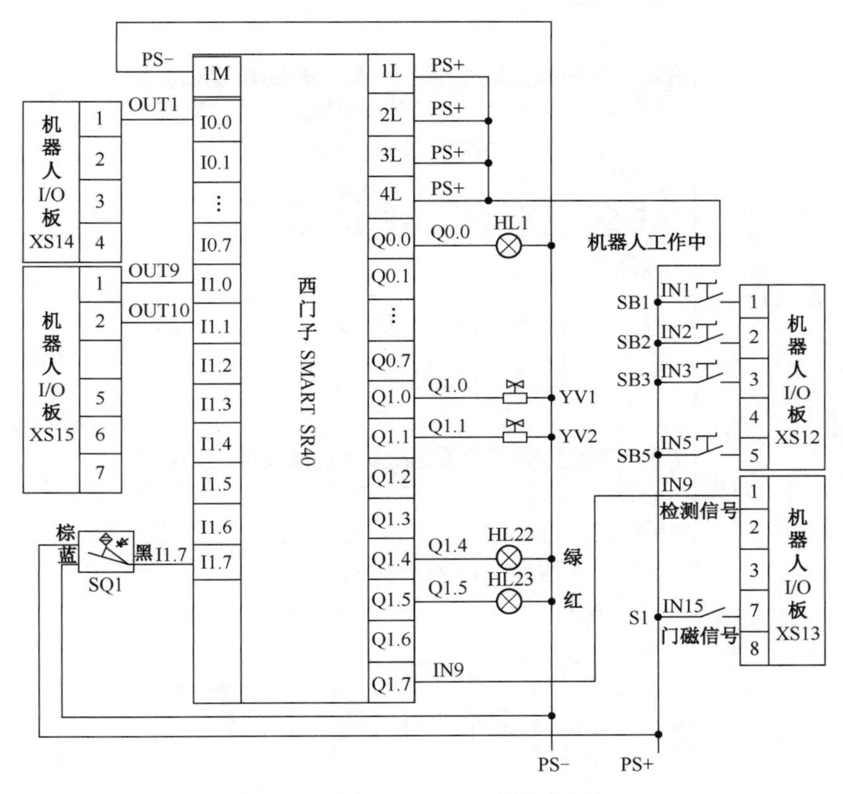

图 2-3-10　PLC 的 I/O 控制原理图

六、线路安装

根据图 2-3-10 所示的 I/O 控制原理图，完成 6 轴机器人单元的安装与接线。

七、6 轴机器人单元的 PLC 程序设计

根据任务要求，参照图 2-3-10 所示的 I/O 控制原理图，设计的 PLC 梯形图程序如图 2-3-11 所示。

八、确定机器人运动所需示教点

根据图 2-3-12 所示的机器人的运动轨迹分布图，可确定其运动所需的示教点见表 2-3-3。

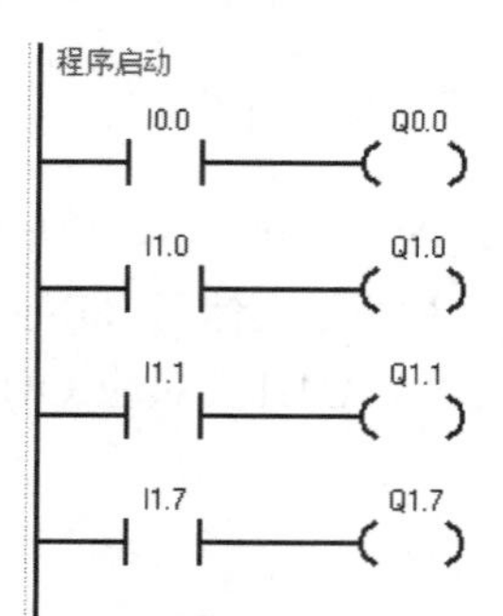

符号	地址	注释
CPU_输出0	Q0.0	机器人工作中
CPU_输出15	Q1.7	检测信号给机器人
CPU_输出8	Q1.0	YV1电磁阀驱动信号
CPU_输出9	Q1.1	YV2电磁阀驱动信号
CPU_输入0	I0.0	机器人上电
CPU_输入15	I1.7	检测传感器信号
CPU_输入8	I1.0	机器人驱动YV1电磁阀信号
CPU_输入9	I1.1	机器人驱动YV2电磁阀信号

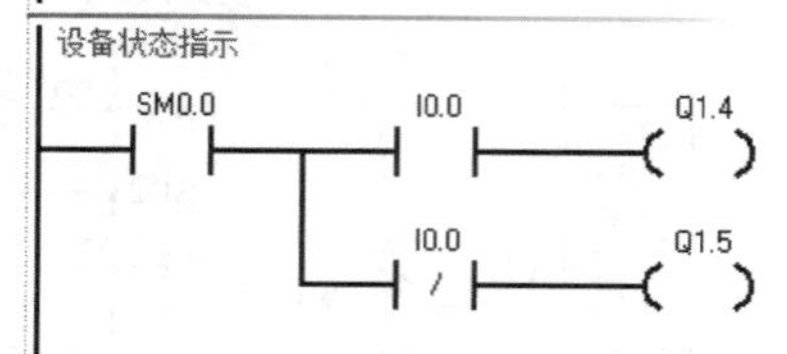

符号	地址	注释
Always_On	SM0.0	始终接通
CPU_输出12	Q1.4	运行指示灯
CPU_输出13	Q1.5	停止指示灯
CPU_输入0	I0.0	机器人上电

图 2-3-11　PLC 梯形图程序

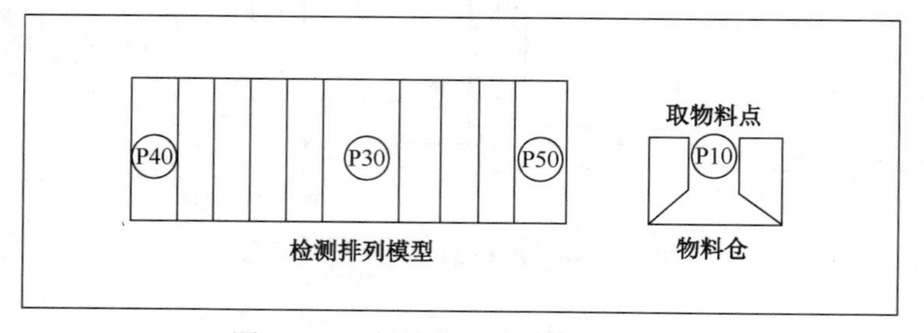

图 2-3-12　机器人的运动轨迹分布图

表 2-3-3　机器人运动轨迹示教点

序　号	点 序 号	注　释	备　注
1	Home	机器人初始位置	程序中定义
2	P10	物料仓最上层取物料点	需示教
3	P30	玻璃物料检测点	需示教
4	P40	物料右排列点	需示教
5	P50	物料左排列点	需示教
6	P21，P11	翻转过渡点	需示教

九、机器人程序的编写

根据机器人运动轨迹编写机器人程序时，首先根据控制要求绘制机器人程序流程图，然后编写机器人主程序和子程序。子程序主要包括机器人回定义原点子程序、机器人程序初始化子程序、取物料玻璃子程序、物料检测子程序、右排列子程序，左排列子程序。编写子程序前要先设计好机器人的运动轨迹及定义好机器人的程序点。

1．设计机器人程序流程图

根据控制功能，设计机器人程序流程图，如图 2-3-13 所示。

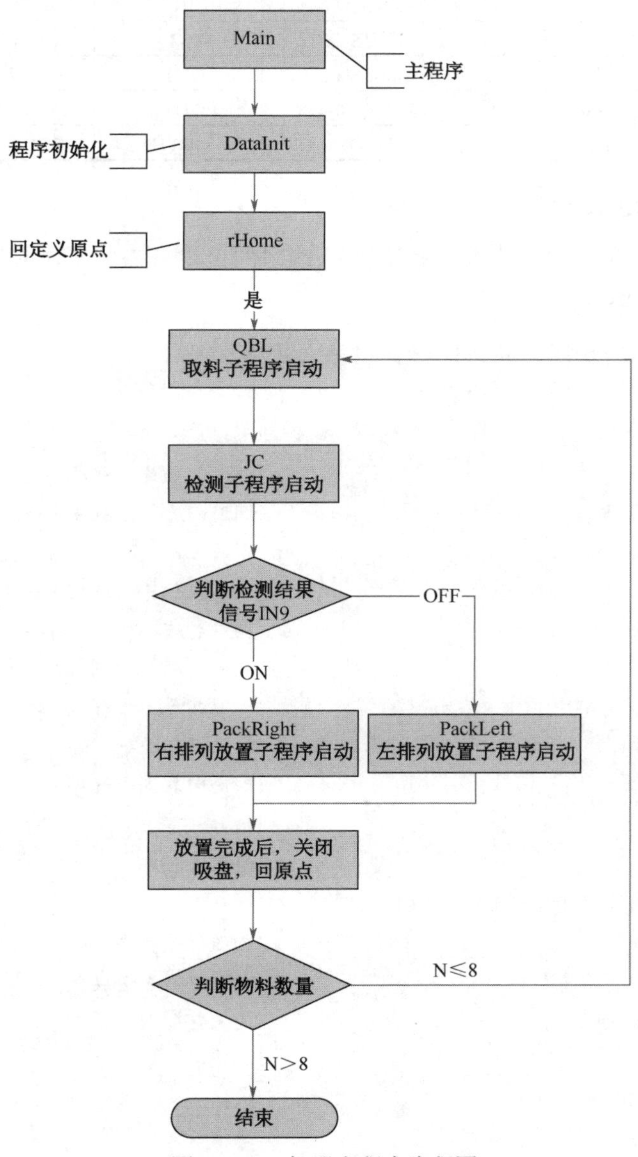

图 2-3-13　机器人程序流程图

2．配置 PLC 与机器人系统 I/O 地址

配置 PLC 与机器人系统 I/O 地址，见表 2-3-4。

表 2-3-4　配置 PLC 与机器人系统 I/O 地址

序号	机器人 I/O	PLC I/O	功能描述	外部信号	备注
1	DI10_1		IN1=ON 机器人 Motor On	IN1	钮子开关 SB1
2	DI10_2		IN2=ON Start Main	IN2	钮子开关 SB2
3	DI10_3		IN3=ON 机器人 Start	IN3	钮子开关 SB3
4	DI10_5		IN5=ON 机器人 Motor Off	IN5	钮子开关 SB5
5	DI10_9	Q1.7	IN9=ON 外部检测信号	IN9	外部传感器 SQ1（I1.7）
6	DI10_15		IN15=ON 机器人 Stop	IN15	门磁信号 S1
7	DO10_1	I0.0	OUT1=ON Motor State	OUT1	机器人工作中
8	DO10_9	I1.0	OUT9=ON PLC Q1.0=ON	OUT9	YV1（吸盘 1 电磁阀）动作
9	DO10_10	I1.1	OUT10=ON PLC Q1.1=ON	OUT10	YV2（吸盘 2 电磁阀）动作

3．系统输入/输出设定

参照上一任务所介绍的方法进行系统输入/输出的设定，在此不再赘述。

4．机器人程序设计

根据机器人程序流程图、轨迹图设计机器人程序。

（1）机器人主程序编写（仅供参考）

```
PROC Main()                          !主程序
    DataInit;                        !调用初始化子程序
    rHome;                           !调用回原点子程序
    WaitTime 1.5;                    !等待 1.5s
    WHILE nCount <= 8 DO             !循环执行（条件满足时）
        QBL;                         !调用取玻璃板子程序
        JC;                          !调用玻璃板检测排列子程序
        rHome;                       !调用回原点子程序
    ENDWHILE                         !结束循环执行
    rHome;                           !调用回原点子程序
    Stop;                            !机器人停止
ENDPROC                              !结束主程序
```

（2）机器人初始化子程序编写（仅供参考）

```
PROC DataInit()                      !初始化子程序
    Accset 100，100;                 !定义机器人速度
    Velset 100，5000;                !定义机器人加速度
    nCount:=0;                       !赋值
    nCount1:=0;                      !赋值
    nCount2:=0;                      !赋值
    Reset DO10_9;                    !复位吸盘 1
```

```
        Reset DO10_10;                            !复位吸盘 2
    ENDPROC                                       !结束初始化子程序
```

（3）机器人回原点子程序编写（仅供参考）

```
    PROC rHome()                                  !回原点子程序
        MoveJ Home,v100,z100,tool0;               !机器人关节运动执行 Home 点位
    ENDPROC                                       !结束回原点子程序
```

（4）机器人检测排列子程序编写（仅供参考）

```
    PROC QBL()                                    !取玻璃板子程序
        IF nCount >= 8 THEN                       !如果 nCount >= 8 执行条件语句
            DataInit;                             !调用初始化子程序
            rHome;                                !调用回原点子程序
            Stop;                                 !机器人停止
        ENDIF                                     !结束条件语句的执行
        MoveJ Offs(p10,0,0,50), v400, z50, tool0;
                                                  !机器人关节偏移执行 P10 点 Z 轴正方向 50mm
        MoveL Offs(p10,0,0,-nCount*5), v20, fine, tool0;
                                                  !机器人直线偏移执行 P10 点 Z 轴负方向
                                                  （nCount*5）mm
        nCount:=nCount+1;                         !赋值 nCount 加 1
        WaitTime 0.5;                             !等待 0.5s
        Set DO10_9;                               !置位吸盘 1
        Set DO10_10;                              !置位吸盘 2
        WaitTime 0.5;                             !等待 0.5s
        MoveJ Offs(p10,-1,0,50),v100,z50,tool0;   !机器人关节偏移执行 P10 点 X 轴负方向 1mm，
                                                  Z 轴正方向 50mm
        WaitTime 0.5;                             !等待 0.5s
        MoveJ p20, v800, z50, tool0;              !机器人关节执行 P20 点位
    ENDPROC                                       !结束取玻璃板子程序

    PROC PackLeft()                               !将玻璃板放置排列至左边子程序
        MoveL Offs(p30,0,0,10), v200, z50, tool0; !机器人直线偏移执行 P30 点 Z 轴正方向 100mm
        MoveJ Offs(p50,0,0,120), v200, z50, tool0; !机器人关节偏移执行 P50 点 Z 轴正方向 120mm
        MoveL Offs(p50,0,nCount1*20-15,15), v100, z50, tool0;
                                                  !机器人直线偏移执行 P50 点 Y 轴正方向
                                                  （nCount1*20-15）mm，Z 轴正方向 15mm
        MoveL Offs(p50,0,nCount1*20,0), v20, fine, tool0;
                                                  !机器人直线偏移执行 P50 点 Y 轴正方向
                                                  （nCount1*20）mm
        WaitTime 0.5;                             !等待 0.5s
        Reset DO10_9;                             !复位吸盘 1
```

```
        Reset DO10_10;                              !复位吸盘 2
        WaitTime 0.3;                               !等待 0.3s
        MoveJ Offs(p50,0,nCount1*20-15,50), v200, z50, tool0;
                    !机器人关节偏移执行 P50 点 Y 轴正方向(nCount1*20-15)mm，Z 轴正方向 50mm
        nCount1:=nCount1+1;                         !赋值 nCount1 加 1
        Routine2;
    ENDPROC                                         !结束将玻璃板放置排列至左边子程序
    PROC PackRight()                                !将玻璃板放置排列至右边子程序
        WaitTime 0.5;                               !等待 0.5s
        Reset DO10_9;                               !复位吸盘 1
        Reset DO10_10;                              !复位吸盘 2
        WaitTime 0.5;                               !等待 0.5s
        MoveL Offs(p30,0,0,40), v200, z150, tool0;  !机器人直线偏移执行 P30 点 Z 轴正方向 40mm
        MoveL p21, v1000, z150, tool0;              !机器人关节执行 P21 点位
        MoveL Offs(p11,0,0,75), v200, z150, tool0;  !机器人直线偏移执行 P11 点 Z 轴正方向 75mm
        MoveL p11, v20, fine, tool0;                !机器人直线执行 P11 点位
        WaitTime 0.2;                               !等待 0.2s
        Set DO10_9;                                 !置位吸盘 1
        Set DO10_10;                                !置位吸盘 2
        WaitTime 0.5;                               !等待 0.5s
        MoveL Offs(p11,0,0,75), v200, z50, tool0;   !机器人直线偏移执行 P11 点 Z 轴正方向 75mm
        MoveJ Offs(p40,0,0,120), v200, z50, tool0;  !机器人关节偏移执行 P40 点 Z 轴正方向 120mm
        MoveJ Offs(p40,0,-nCount2*20+15,15), v100, z10, tool0;
                    !机器人关节偏移执行 P40 点 Y 轴负方向（nCount2*20-15）mm，Z 轴正方向 15mm
        MoveJ Offs(p40,0,-nCount2*20,0), v20, fine, tool0;
                    !机器人关节偏移执行 P40 点 Y 轴负方向（nCount2*20）mm
        WaitTime 0.5;                               !等待 0.5s
        Reset DO10_9;                               !复位吸盘 1
        Reset DO10_10;                              !复位吸盘 2
        WaitTime 0.3;                               !等待 0.3s
        MoveJ Offs(p40,0,-nCount2*20,50), v200, z20, tool0;
                    !机器人关节偏移执行 P40 点 Y 轴负方向（nCount2*20）mm，Z 轴正方向 50mm
        nCount2:=nCount2+1;                         !赋值 nCount1 加 1
        Routine2;
    ENDPROC                                         !结束将玻璃板放置排列至右边子程序
    PROC JC()                                       !玻璃板检测排列子程序
        MoveJ Offs(p30,0,0,50), v200, z80, tool0;   !机器人关节偏移执行 P30 点 Z 轴正方向 50mm
        MoveL p30, v20, fine, tool0;                !机器人直线执行 P30 点位
        WaitTime 1;                                 !等待 1s
        IF DI4 = 0 THEN                             !判断如果 DI4 = 0 执行
```

```
            IF nCount1>5 THEN                   !判断如果 nCount1>5 执行
                IF nCount2 > 5 THEN             !判断如果 nCount2>5 执行
                    Stop;                       !机器人停止
                ENDIF                           !结束判断 nCount2>5
                PackRight;                      !调用将玻璃板放置排列至右边子程序
            ELSE                                !如果 nCount1 不大于 5 执行
                PackLeft;                       !调用将玻璃板放置排列至左边子程序
            ENDIF                               !结束判断 nCount1>5
        ELSE                                    !如果 DI4 不等于 0 执行
            IF nCount2>5 THEN                   !如果 nCount2>5 执行
                IF nCount1 > 5 THEN             !如果 nCount1>5 执行
                    Stop;                       !机器人停止
                ENDIF                           !结束判断 nCount1>5
                PackLeft;                       !调用将玻璃板放置排列至左边子程序
            Else                                !如果 nCount2 不大于 5 执行
                PackRight;                      !调用将玻璃板放置排列至右边子程序
            ENDIF                               !结束判断 nCount2>5
        ENDIF                                   !结束判断 DI4=0
    ENDPROC                                     !结束玻璃板检测排列子程序
```

5．程序数据修改

（1）机器人程序位置点的修改

手动操纵机器人到所要修改点的位置，进入“程序数据”中的“robtarget”数据（机器人点位置数据），选择所要修改的点，单击“编辑”→“修改位置”完成修改，如图 2-3-14 所示。

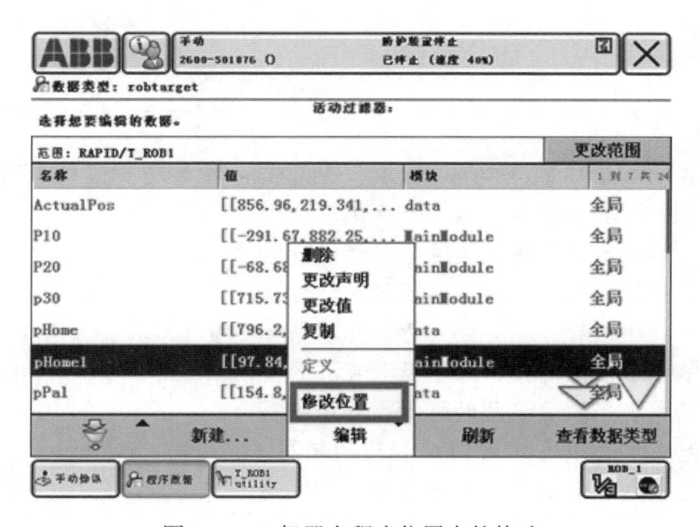

图 2-3-14　机器人程序位置点的修改

（2）同理，依次完成其他点的修改

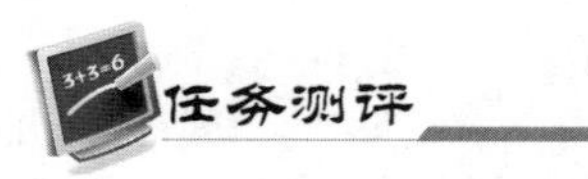

对任务实施的完成情况进行检查，并将结果填入表2-3-5内。

表2-3-5 任务测评表

序号	主要内容	考核要求	评分标准	配分	扣分	得分
1	机械安装	夹具与模块固定牢紧，不缺少螺丝	1. 夹具与模块安装位置不合适，扣5分 2. 夹具或模块松动，扣5分 3. 损坏夹具或模块，扣10分	20		
2	机器人程序设计与示教操作	I/O配置完整，程序设计正确，机器人示教正确	1. 操作机器人动作不规范，扣5分 2. 机器人不能完成检测排列，每个轨迹扣10分 3. 缺少I/O配置，每个扣1分 4. 程序缺少输出信号设计，每个扣1分 5. 工具坐标系定义错误或缺失，每个扣5分	70		
3	安全文明生产	劳动保护用品穿戴整齐；遵守操作规程；讲文明礼貌；操作结束要清理现场	1. 操作中，违反安全文明生产考核要求的任何一项扣5分，扣完为止 2. 当发现学生有重大事故隐患时，要立即予以制止，并每次扣安全文明生产分5分	10		
合计						
开始时间：			结束时间：			

任务4 工业机器人水平搬运单元的编程与操作

✧ 知识目标

1. 掌握6轴工业机器人Offs、FOR、WaitTime指令及“!”“:=”的编程与示教。
2. 掌握水平搬运单元的机器人程序编写。
3. 掌握工业机器人点对点搬运路径的设计方法。
4. 掌握工业机器人水平搬运路径的设计方法。

✧ 能力目标

1. 能够完成水平搬运模块及单吸盘夹具的安装。
2. 能够完成水平搬运单元的机器人程序编写。
3. 能够完成水平搬运单元PLC程序的编写。
4. 能够完成水平搬运单元触摸屏程序的编写。

如图 2-4-1 所示是一个工业机器人图块（水平）搬运单元模型工作站，其图块搬运模型结构示意图如图 2-4-2 所示。机器人通过双吸盘夹具完成对相同两个图块模型进行点对点图块搬运；本任务采用示教编程方法，操作机器人实现图块搬运单元运动轨迹的示教。

开关 SB3 置于“ON”，机器人从第一块图块开始搬运，依次循环。

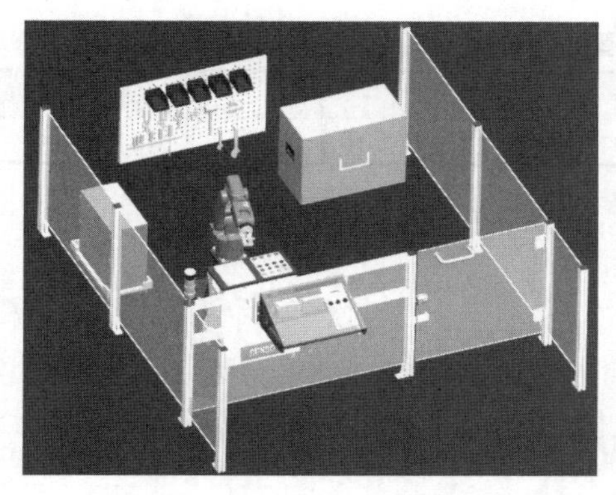

图 2-4-1　工业机器人图块（水平）搬运单元模型工作站

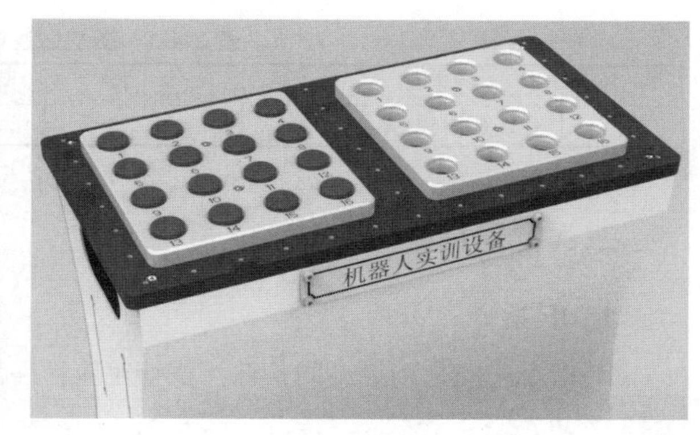

图 2-4-2　图块搬运模型结构示意图

具体控制要求如下：

1．将电气控制板面板“启动”钮子开关 SB1 置于“ON”，设备给出“启动”信号，机器人伺服上电；再将钮子开关 SB1 置于“OFF”；然后将钮子开关 SB2 置于“ON”，机器人进入主程序，再将 SB2 置于“OFF”，“运行”指示灯绿灯亮；系统进入等待状态后，将钮子开关 SB3 置于“ON”，机器人开始从第一图块搬运，依次循环。

2．将电气控制板面板“停止”钮子开关 SB5 置于“ON”，设备给出“停止”信号，再将 SB5 置于“OFF”，“停止”指示灯红灯亮，系统进入停止状态，所有气动机构均保持状态不变。

相关知识

一、工业机器人图块搬运单元模型工作站

工业机器人图块搬运单元模型工作站通过吸盘夹具依次将一个物料板上摆放好的物料拾取搬运到另一个物料板上，依次循环；物料板可以水平固定至操作台，也可倾斜一个角度安装到操作台上；圆形物料有两种，一种是两面平行的金属钱币形物料，另一种是单面锥形物料。该单元模型工作站主要由 6 轴工业机器人、图块搬运模型、模型实训平台等组成，如图 2-4-3 所示。

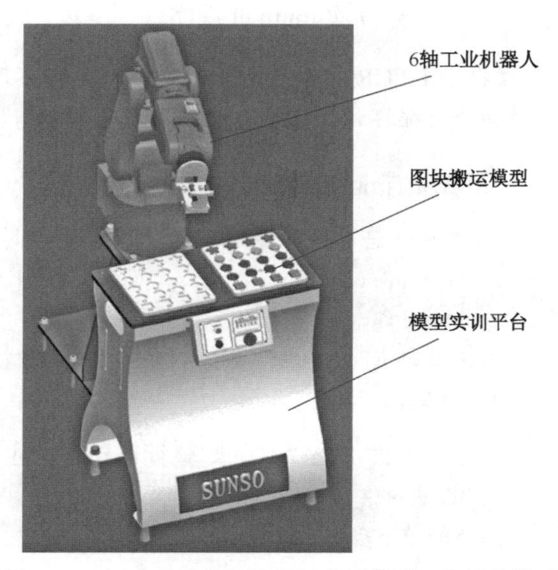

图 2-4-3　工业机器人图块搬运单元模型工作站的组成

二、图块搬运模型

图块搬运模型结构示意图如图 2-4-4 所示，其主要组成部件见表 2-4-1。

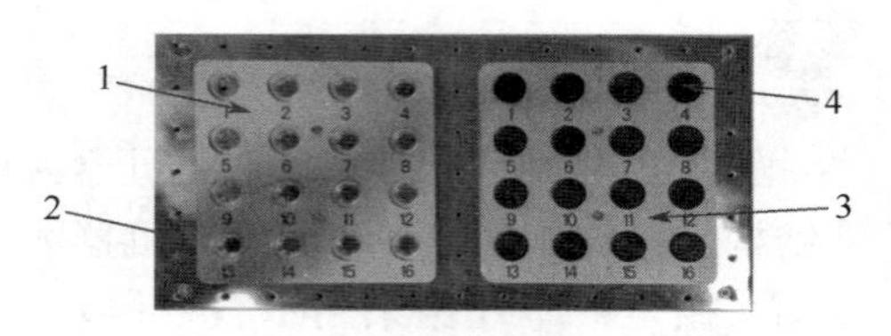

图 2-4-4　图块搬运模型结构示意图

表 2-4-1　图块搬运模型组成部件

序　号	名　称	序　号	名　称	序　号	名　称	序　号	名　称
1	图块搬运模型 A	2	实训平台	3	图块搬运模型 B	4	圆形物料

三、常用指令

1．IF 指令

IF 指令功能是满足不同条件，执行对应程序。例如：

```
IF regl > 5 THEN
    Set Do1;
ENDIF
```

如果 regl＞5 条件满足，则执行 Set Do1 指令。

2．FOR 指令

FOR 指令的功能是根据指定的次数，重复执行对应程序。例如：

```
FOR i FORM 1 TO 10 DO
    routinel;
ENDFOR
```

重复执行 10 次 routinel 程序。

【提示】FOR 指令后面跟的循环计数值不用在程序数据中定义，每次运行一遍 FOR 循环中的指令后循环计数值会自动执行加 1 操作。

3．WaitTime 指令

WaitTime 是等待指令，功能是等待一段时间后再执行后面的程序。例如：

```
WaitTime 0.5;
MoveJ P1;
```

等待 0.5s 后，再执行 MoveJ P1 这条指令。

4．注释行“!”

在语句前面加上“!”，则整行语句作为注释行不被程序执行。例如：

```
!Goto the Pick Position;
MoveL pPick,v1000,fine,tool1\WObj:=wobj1;
```

5. Offs 偏移功能

Offs 偏移功能是指以选定的目标点为基准，沿着选定工件坐标系的 X、Y、Z 轴方向偏移一定的距离。例如：

```
MoveL Offs(p10,0,0,10),v1000,z50, tool1\WObj:=wobj1;
```

将机器人 TCP 移动至以 p10 为基准点，沿着 wobj1 坐标系 Z 轴正方向偏移 10mm 的位置。

【提示】RelTool 同样为偏移指令，而且可以设置角度偏移，但其参考的坐标系为工具坐标系，如：

```
MoveL RelTool (p10,0,0,10\Rx:=0\Ry:=0\Rz=45),v1000,z50,tool1;
```

将机器人 TCP 移动至以 p10 为基准点，沿着 tool1 坐标系 Z 轴正方向偏移 10mm 的位置，且 TCP 沿着 tool1 坐标系 Z 轴旋转 45°。

一、任务准备

实施本任务教学所使用的实训设备及工具材料可参考表 2-4-2。

表 2-4-2 实训设备及工具材料

序 号	分 类	名 称	型 号 规 格	数 量	单 位	备 注
1	工具	内六角扳手	3.0mm	1	个	工具墙
2		内六角扳手	4.0mm	1	个	工具墙
3	设备器材	内六角螺丝	M5	8	颗	工具墙黄色盒
4		图块搬运模型		1	个	物料间领料
5		双吸盘夹具		1	个	物料间领料

二、图块搬运模型的安装

（1）将图块搬运模型板放置在实训平台上，调整至合适位置，并保证模型板中间用于安装螺丝的螺丝孔与实训平台上的安装孔对应，然后用螺丝把模型板锁紧到实训平台上，如图 2-4-5 所示。

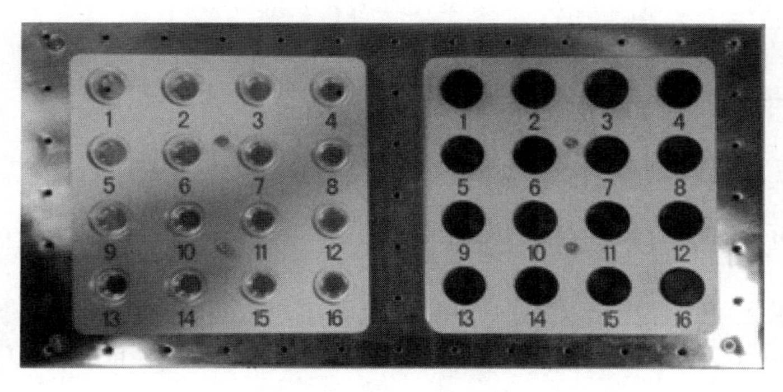

图 2-4-5 图块搬运模型的安装

（2）本任务有多种模型图案，如图 2-4-6 所示是安装好的另一种图案模型布局。

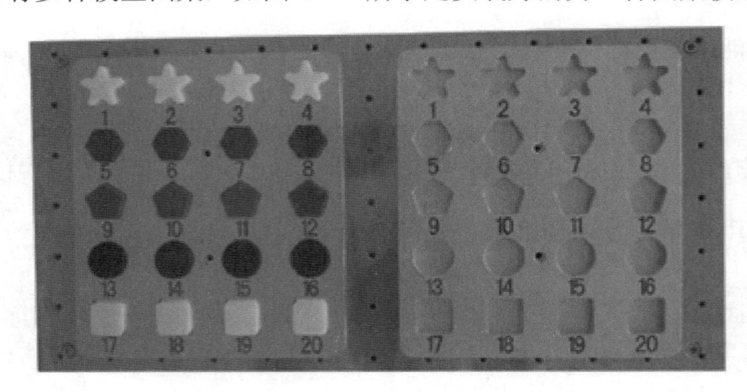

图 2-4-6　多种形状图块搬运模型布局

（3）斜面模型的安装

先将模型板安装到斜面支撑面上，然后将模型板和斜面支撑一起安装到实训平台上，如图 2-4-7 所示。

图 2-4-7　斜面安装的图块搬运模型布局

三、双吸盘夹具的安装

此模型采用双吸盘夹具。首先将双吸盘夹具调整至合适位置（利于机器人在运转中吸取图块），并将夹具安装孔与机器人 J6 轴安装孔位对正，然后用四个螺丝将夹具锁紧到 J6 轴上；再将气管与夹具吸盘上真空发生器的输入端连接，如图 2-4-8 所示。

四、设计控制原理方框图

根据控制要求，设计控制原理方框图如图 2-4-9 所示。

五、设计 PLC 的 I/O 控制原理图

根据任务要求，可设计出 PLC 的 I/O 控制原理图，如图 2-4-10 所示。图中的 Q1.0（对应 OUT9）是双吸盘夹具上吸盘 1 的控制 YV1 电磁阀控制信号，Q1.1（对应 OUT10）是双吸盘夹具上吸盘 2 的控制 YV2 电磁阀控制信号。

图 2-4-8 双吸盘夹具的安装

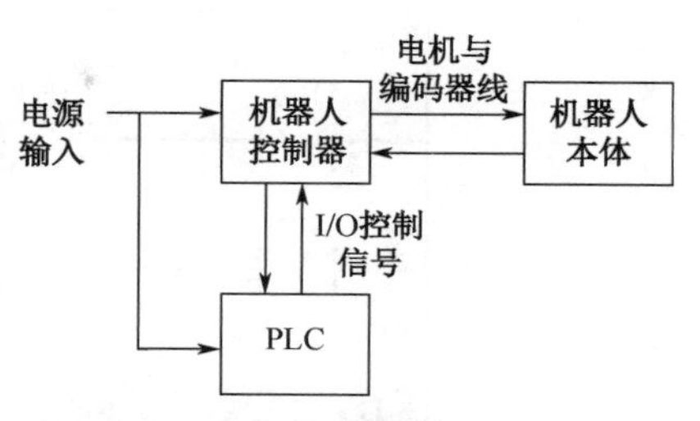

图 2-4-9 控制原理方框图

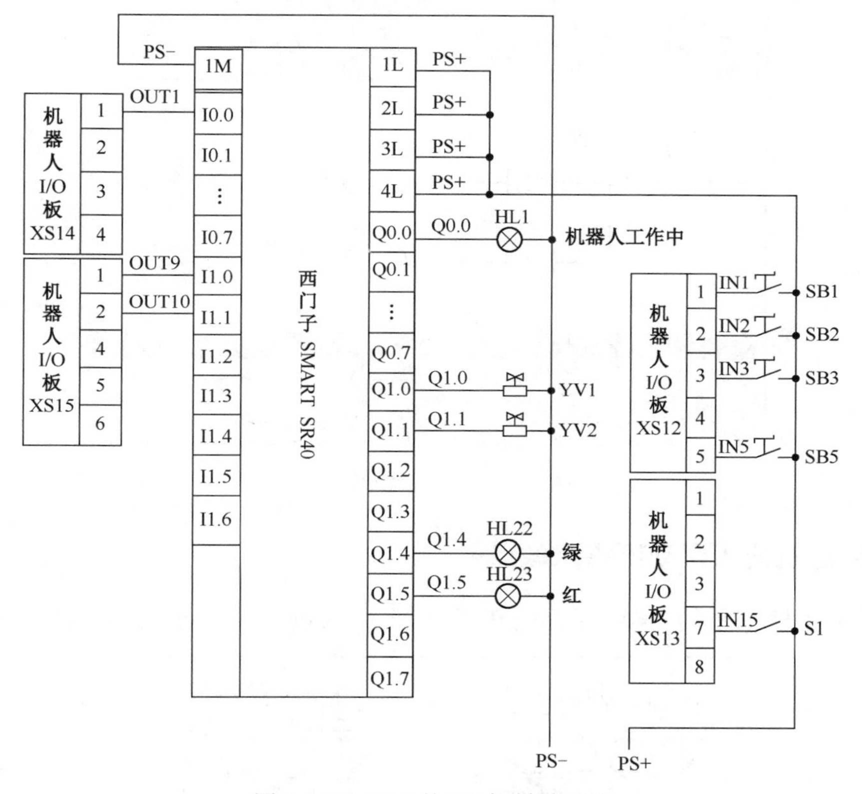

图 2-4-10 PLC 的 I/O 控制原理图

六、线路安装

根据图 2-4-10 所示的 I/O 控制原理图，完成 6 轴机器人单元的安装与接线。

七、6 轴机器人单元的 PLC 程序设计

根据任务要求，参照图 2-4-10 所示的 I/O 控制原理图，设计的 PLC 梯形图程序如图 2-4-11 所示。

程序启动

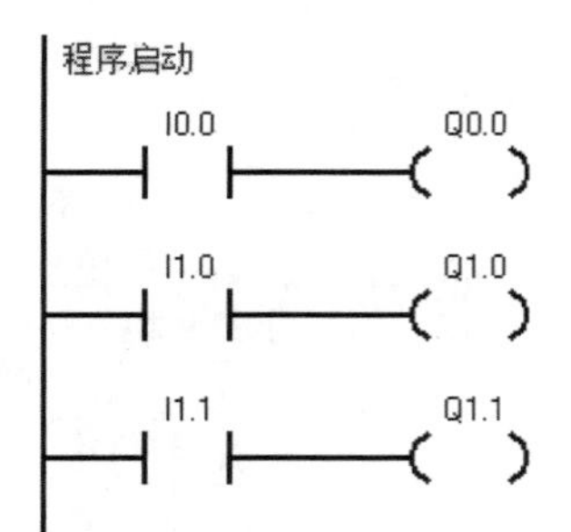

符号	地址	注释
CPU_输出0	Q0.0	机器人工作中
CPU_输出8	Q1.0	YV1电磁阀驱动信号
CPU_输出9	Q1.1	YV2电磁阀驱动信号
CPU_输入0	I0.0	机器人上电
CPU_输入8	I1.0	机器人驱动YV1电磁阀信号
CPU_输入9	I1.1	机器人驱动YV2电磁阀信号

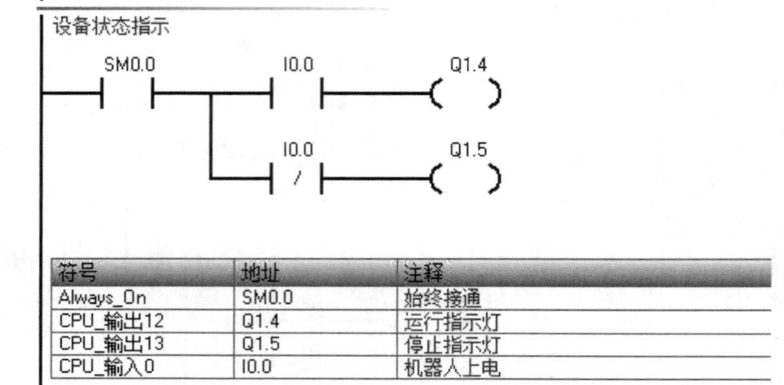

符号	地址	注释
Always_On	SM0.0	始终接通
CPU_输出12	Q1.4	运行指示灯
CPU_输出13	Q1.5	停止指示灯
CPU_输入0	I0.0	机器人上电

图 2-4-11　PLC 梯形图程序

八、确定机器人运动所需示教点

根据图 2-4-12 所示的机器人的运动轨迹分布图，可确定其运动所需的示教点见表 2-4-3。

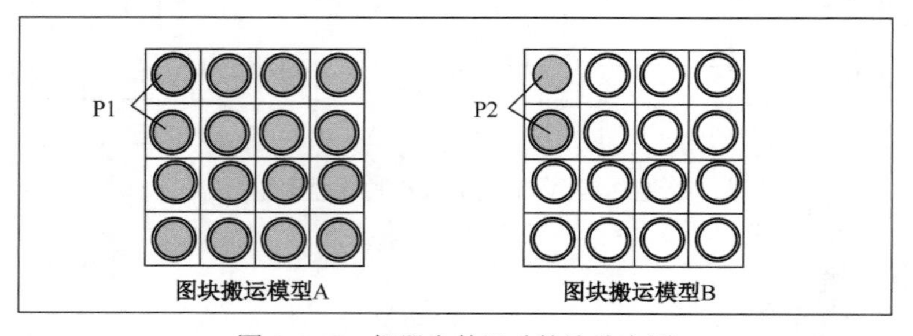

图 2-4-12　机器人的运动轨迹分布图

表 2-4-3　机器人运动轨迹示教点

序　号	点 序 号	注　释	备　注
1	Home	机器人初始位置	需示教
2	P1	模型 A 中吸取物料 1，2 位置	需示教
3	P2	模型 B 中吸取物料 1，2 位置	需示教

九、机器人程序的编写

根据机器人运动轨迹编写机器人程序时，首先根据控制要求绘制机器人程序流程图，然后编写机器人主程序和子程序。子程序主要包括机器人回定义原点子程序、机器人程序初始化子程序、图块搬运子程序。编写子程序前要先设计好机器人的运行轨迹及定义好机器人的程序点。

1. 设计机器人程序流程图

根据控制功能，设计机器人程序流程图，如图 2-4-13 所示。

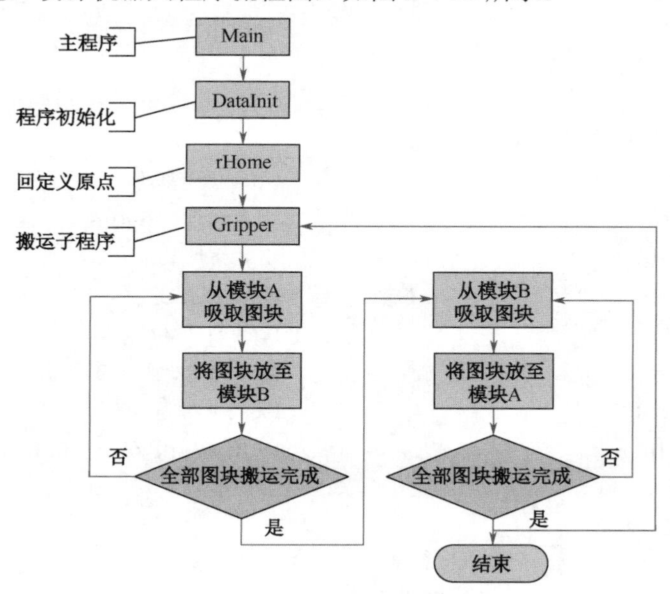

图 2-4-13 机器人程序流程图

2. 配置 PLC 与机器人系统 I/O 地址

配置 PLC 与机器人系统 I/O 地址，见表 2-4-4。

表 2-4-4 配置 PLC 与机器人系统 I/O 地址

序号	机器人 I/O	PLC I/O	功能描述	外部信号	备注
1	DI10_1		IN1=ON 机器人 Motor On	IN1	钮子开关 SB1
2	DI10_2		IN2=ON Start Main	IN2	钮子开关 SB2
3	DI10_3		IN3=ON 机器人 Start	IN3	钮子开关 SB3
4	DI10_5		IN5=ON 机器人 Motor Off	IN5	钮子开关 SB5
5	DI10_15		IN15=ON 机器人 Stop	IN15	门磁信号 S1
6	DO10_1	I0.0	OUT1=ON Motor State	OUT1	机器人工作中
7	DO10_9	I1.0	OUT9=ON PLC Q1.0=ON	OUT9	YV1（吸盘 1 电磁阀）动作
8	DO10_10	I1.1	OUT10=ON PLC Q1.1=ON	OUT10	YV2（吸盘 2 电磁阀）动作

3. 系统输入/输出设定

参照前面任务所介绍的方法进行系统输入/输出的设定，在此不再赘述。

4．机器人程序设计

根据机器人程序流程图、轨迹图设计机器人程序。

（1）机器人主程序编写（仅供参考）

```
PROC Main()
    DataInit;                                  !调用初始化子程序
    rHome;                                     !调用回原点子程序
    WaitUntil DI10_3 = 1;                      !钮子开关打开，机器人启动
    WHILE TRUE DO
        Gripper;                               !调用图块搬运子程序
    ENDWHILE
ENDPROC
```

（2）机器人初始化子程序编写（仅供参考）

```
PROC DataInit()                                !初始化子程序
    ncount:=0;                                 !X方向计数器清零
    ncount1:=0;                                !Y方向计数器清零
    ncount2:=0;                                !计数器总数清零
    ncount3:=0;                                !X方向计数器清零
    ncount4:=0;                                !Y方向计数器清零
    Reset DO10_9;                              !关闭电磁阀 YV1（吸盘 1）
    Reset DO10_10;                             !关闭电磁阀 YV2（吸盘 2）
    AccSet 100,100;
    VelSet 100,5000;
ENDPROC
```

（3）机器人回原点子程序编写（仅供参考）

```
PROC rHome()                                   !回原点子程序
    MoveJ Home,v100,z100,tool0;
ENDPROC
```

（4）机器人图块搬运子程序编写（仅供参考）

```
PROC Gripper()                                                         !图块搬运子程序
    WHILE TRUE DO
        IF ncount2<=15 THEN
            MoveJ Offs(p1,ncount*50,ncount1*51,50),v200,z60,tool0;     !通过XY方向运算
            MoveL Offs(p1,ncount*50,ncount1*51,0),v20,fine,tool0;      !从 A 盘搬运
            Set DO10_9;                                                !吸盘打开，吸取物料
            !Set DO10_10;
            WaitTime 0.5;                                              !延时 0.5s 后提起
            MoveL Offs(p1,ncount*50,ncount1*51,50),v100,z60,tool0;
            MoveJ Offs(p2,ncount*50,ncount1*51,50),v200,z60,tool0;
            MoveL Offs(p2,ncount*50,ncount1*51,0),v20,fine,tool0;      !搬运到 B 盘
```

```
            Reset DO10_9;                                    !吸盘关闭
            !Reset DO10_10;
            WaitTime 0.5;
            MoveL Offs(p2,ncount*50,ncount1*51,50),v100,z60,tool0;    !Z 轴上提升 50mm
            ncount1:=ncount1+1;                              !Y 方向计数器加 1
            IF ncount1>3 THEN                                !判断 Y 方向搬运是否满了 4 个
                !ncount1:=0;
                ncount:=ncount+1;                            !X 方向计数器加 1
                IF ncount=3 AND ncount1=3 THEN               !判断 XY 方向搬运是否都满了 4 个
                    ncount:=0;                               !X 方向计数器清零
                    ncount1:=0;                              !Y 方向计数器清零
                ENDIF
                ncount1:=0;
            ENDIF
            ncount2:=ncount2+1;
        ENDIF
    IF ncount2>15 AND ncount2<=31 THEN                       !从 B 盘搬运到 A 盘，循环
        MoveJ Offs(p2,ncount3*50,ncount4*51,50),v200,z60,tool0;
        MoveL Offs(p2,ncount3*50,ncount4*51,0),v20,fine,tool0;
        Set DO10_9;                                          !打开吸盘
        !Set DO10_10;
        WaitTime 0.5;
        MoveL Offs(p2,ncount3*50,ncount4*51,50),v100,z60,tool0;
        MoveJ Offs(p1,ncount3*50,ncount4*51,50),v200,z60,tool0;
        MoveL Offs(p1,ncount3*50,ncount4*51,0),v20,fine,tool0;
        Reset DO10_9;
        !Reset DO10_10;
        WaitTime 0.5;
        MoveL Offs(p1,ncount3*50,ncount4*51,50),v100,z60,tool0;
        ncount4:=ncount4+1;
            IF ncount4>3 THEN
                !ncount1:=0;
                ncount3:=ncount3+1;
                IF ncount3=3 AND ncount4=3 THEN
                    ncount3:=0;
                    ncount4:=0;
                ENDIF
                ncount4:=0;
            ENDIF
            ncount2:=ncount2+1;
```

```
        ENDIF
        IF ncount2>31 THEN                            !判断搬运物料块总数为 32 时
            ncount:=0;                                !3 个计数器清零
            ncount2:=0;
            ncount3:=0;
        ENDIF
    ENDWHILE
ENDPROC
```

5．程序数据修改

（1）机器人程序位置点的修改

手动操纵机器人到所要修改点的位置，进入“程序数据”中的“robtarget”数据（机器人点位置数据），选择所要修改的点，单击“编辑”→“修改位置”完成修改，如图 2-4-14 所示。

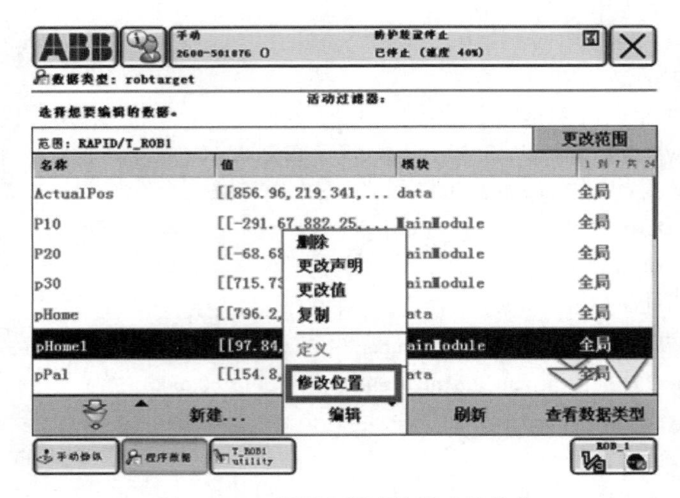

图 2-4-14　机器人程序位置点的修改

（2）同理，依次完成其他点的修改

6．手动测试机器人自动运行

将机器人控制柜的钥匙旋钮置于左侧图标“”处，在示教器上单击“确定”按钮，允许机器人自动允许；单击“PP 移至 Main”，再单击“是”按钮，使 PP 指针移动到 Main 程序第一行；单击伺服开关“”，伺服开关灯亮。单击操作器上的运行按钮“”，机器人开始自动运行，进行图块搬运运动，从 A 盘搬运到 B 盘，然后又从 B 盘搬运到 A 盘，循环下去，只有按了停止按钮“”后，机器人才停止运动。

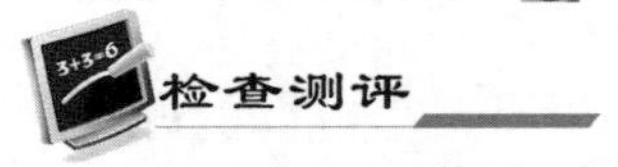

对任务实施的完成情况进行检查，并将结果填入表 2-4-5 内。

表 2-4-5　任务测评表

序号	主要内容	考核要求	评分标准	配分	扣分	得分
1	机械安装	夹具与模块固定牢紧，不缺少螺丝	1．夹具与模块安装位置不合适，扣 5 分 2．夹具或模块松动，扣 5 分 3．损坏夹具或模块，扣 10 分	10		
2	机器人程序设计与示教操作	I/O 配置完整，程序设计正确，机器人示教正确	1．操作机器人动作不规范，扣 5 分 2. 机器人不能完成物料搬运，每个轨迹扣 10 分 3．缺少 I/O 配置，每个扣 1 分 4．程序缺少输出信号设计，每个扣 1 分 5．工具坐标系定义错误或缺失，每个扣 5 分	70		
4	PLC 程序设计	PLC 程序正确；I/O 配置完整；PLC 程序完整	1．PLC 程序出错，扣 3 分 2．PLC 配置不完整，每个扣 1 分 3．PLC 程序缺失，视情况严重性扣 3～10 分	10		
5	安全文明生产	劳动保护用品穿戴整齐；遵守操作规程；讲文明礼貌；操作结束要清理现场	1．操作中，违反安全文明生产考核要求的任何一项扣 5 分，扣完为止 2．当发现学生有重大事故隐患时，要立即予以制止，并每次扣安全文明生产分 5 分 3．穿戴不整洁，扣 2 分；设备不还原，扣 5 分；现场不清理，扣 5 分	10		
合　计						
开始时间：			结束时间：			

任务 5　工业机器人零件码垛单元的编程与操作

✧ 知识目标

1．掌握工业机器人偏移指令 Offs 的使用方法。

2．掌握工业机器人零件码垛的工艺流程。

✧ 能力目标

1．能够完成零件码垛模块及双吸盘夹具的安装。

2．能够完成零件码垛单元的机器人程序编写。

3．能够完成零件码垛单元 PLC 程序的编写。

工作任务

如图 2-5-1 所示是一个工业机器人零件码垛单元模型工作站，其零件码垛单元结构示意图如图 2-5-2 所示。本任务采用示教编程方法，操作机器人实现零件码垛单元的示教。

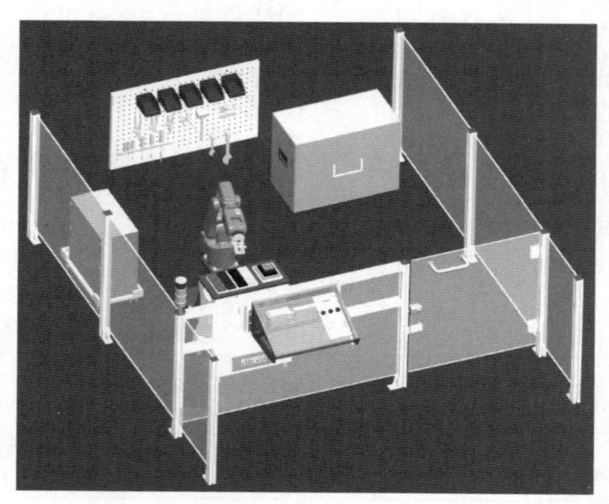

图 2-5-1　工业机器人零件码垛单元模型工作站

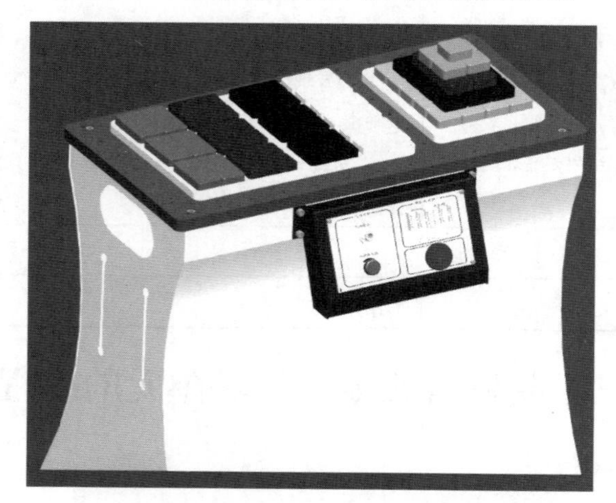

图 2-5-2　零件码垛单元结构示意图

具体控制要求如下：

1．将电气控制板面板“启动”钮子开关 SB1 置于“ON”，设备给出“启动”信号后，机器人伺服上电；再将钮子开关 SB1 置于“OFF”；然后将钮子开关 SB2 置于“ON”，机器人进入主程序，再将 SB2 置于“OFF”，“运行”指示灯绿灯亮；系统进入等待状态后，将钮子开关 SB3 置于“ON”，机器人开始将物料底盘的第一块物料搬运到码垛底盘进行码垛，反之后再拆垛，依次循环。

2．将电气控制板面板“停止”钮子开关 SB5 置于“ON”，设备给出“停止”信号，再将 SB5 置于“OFF”，“停止”指示灯红灯亮，系统进入停止状态，所有气动机构均保持状态不变。

相关知识

一、工业机器人零件码垛单元模型工作站

工业机器人零件码垛单元模型工作站中，机器人通过吸盘夹具拾取物料，将物料底盘内的物料搬运到码垛底盘内进行码垛，从而模拟练习机器人码垛工作。其主要由 6 轴工业机器人、零件码垛模型、模型实训平台等组成，如图 2-5-3 所示。

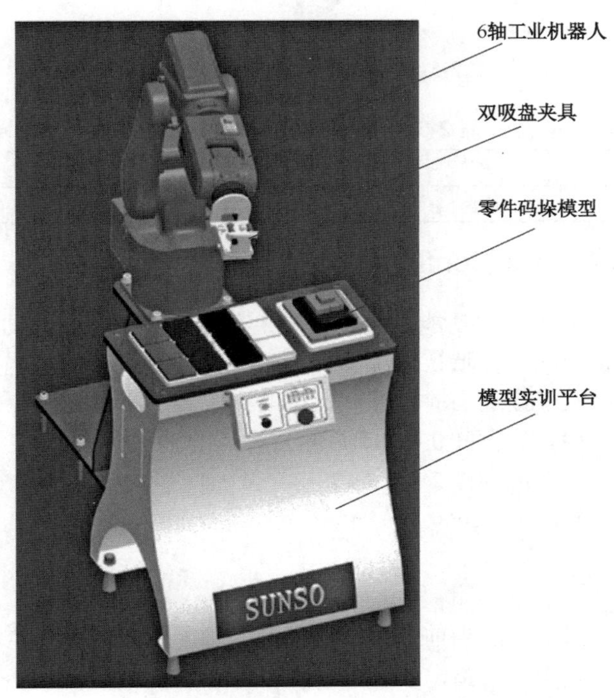

图 2-5-3　工业机器人零件码垛模型工作站的组成

1．工业机器人的系统组成

本工作站所采用的是一款额定负载为 3kg，小型 6 自由度的 IRB 型工业机器人。它由机器人本体、控制器、示教器和连接电缆组成，如图 2-5-4 所示。

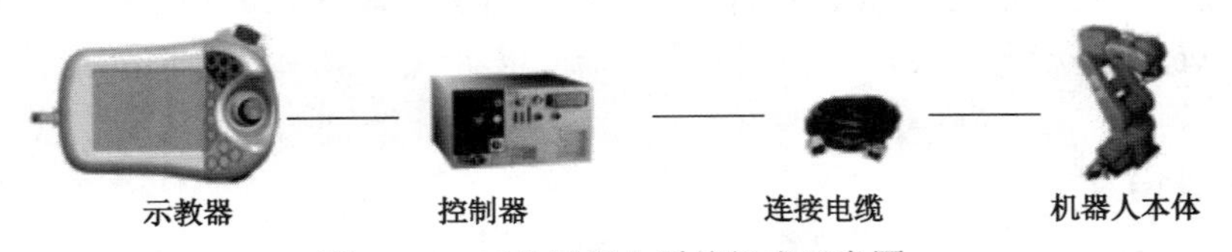

图 2-5-4　工业机器人系统组成示意图

2．零件码垛模型

零件码垛模型结构示意图如图 2-5-5 所示。其主要部件组成见表 2-5-1。

图 2-5-5　零件码垛模型结构示意图

表 2-5-1　零件码垛模型组成部件

序　号	名　称	序　号	名　称	序　号	名　称	序　号	名　称	序　号	名　称
1	物料	2	物料底盘	3	急停按钮	4	模型实训平台	5	码垛底盘

二、轴配置监控指令（ConfL）

轴配置监控指令（ConfL）的功能是监控机器人在线运动及圆弧运动过程中是否严格遵循程序中已设定的轴配置参数。在默认情况下，轴配置监控是打开的，当关闭轴配置监控后，机器人在运动过程中采取最接近当前轴配置数据的配置到达指定目标点。

例如：目标点 P10 中，数据[1,0,1,0]就是此目标点的轴配置数据。

```
CONST   robtarget
P10:=[[*,*,*],[*,*,*,*],[1,0,1,0], [9E9, 9E9, 9E9, 9E9, 9E9, 9E9,]];
ConfL\Off;
MoveL P10,v1000,fine,tool0;
```

机器人自动匹配一组最接近当前各关节轴姿态的轴配置数据移动至目标点 P10，到达 P10 时，轴配置数据不一定为程序中指定的[1,0,1,0]。

在某些应用场合，如离线编程创建目标点或手动示教相邻两目标点间轴配置数据相差较大时，在机器人运动过程中容易出现报警“轴配置错误”而造成停机。这种情况下，若对轴配置要求较高，则一般通过添加中间过渡点（若对轴配置要求不高，则可通过指令 ConfL\Off 关闭轴监控）使机器人自动匹配可行的轴配置来到达指定目标点。

【提示】ConfJ 的用法与 ConfL 相同，只不过前者为关节线性运动过程中的轴监控开关，影响的是 MoveJ；而后者为线性运动过程中的轴监控开关，影响的是 MoveL。

三、计时指令

在机器人运动过程中，经常需要利用计时功能来计算当前机器人的运动节拍，并通过写屏指令显示相关信息。

现以一个完整的计时案例介绍关于计时并显示计时信息的综合运用。程序如下：

```
VAR clock clock1;               !定义时钟数据 clock1
VAR num CycleTime;              !定义数字型数据 CycleTime，用于存储时间数值
ClkReset clock1;                !时钟复位
```

```
ClkStart clock1;                    !开始计时
…                                   !机器人运动指令等
ClkStop clock1;                     !停止计时
CycleTime:= ClkRead(clock1);        !读取时钟当前值，并赋值给 CycleTime
TPErase;                            !清屏
TPWrite "The Last Cycle Time is" \Num:= CycleTime;
                                    !写屏，在示教器屏幕上显示节拍信息，假设当前数值 CycleTime
                                    为 10，则示教器屏幕上最终显示信息为 "The Last Cycle Time is 10"。
```

任务实施

一、任务准备

实施本任务教学所使用的实训设备及工具材料可参考表 2-5-2。

表 2-5-2　实训设备及工具材料

序　号	分　类	名　称	型号规格	数　量	单　位	备　注
1	工具	内六角扳手	3.0mm	1	个	工具墙
2		内六角扳手	4.0mm	1	个	工具墙
3	设备器材	内六角螺丝	M4	4	颗	工具墙蓝色盒
4		内六角螺丝	M5	4	颗	工具墙黄色盒
5		码垛盘		1	个	物料间领料
6		双吸盘夹具		1	个	物料间领料
7		码垛托盘		1	套	物料间领料
8		物料盘		1	套	物料间领料

二、零件码垛模型与夹具的安装

1．零件码垛模型的安装

将储料盘与码垛盘在实训平台上放置到合适位置，并保持安装螺丝孔与实训平台固定螺丝孔对应，用螺丝将其锁紧，如图 2-5-7 所示。

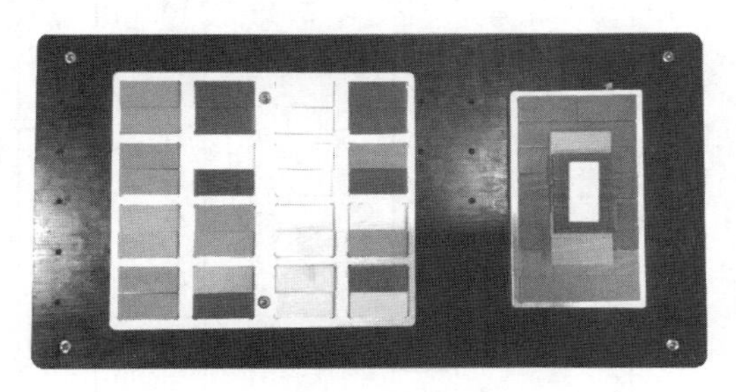

图 2-5-7　零件码垛单元整体布局

2．双吸盘夹具的安装

此模型采用双吸盘夹具。首先将双吸盘夹具调整到合适位置（以利于机器人在运转中吸取零件），并将夹具安装孔与机器人 J6 轴安装孔位对正，然后用四个螺丝将夹具锁紧到 J6 轴上；再将气管与夹具吸盘上真空发生器的输入端连接，如图 2-5-8 所示。

三、设计控制原理方框图

根据控制要求，设计控制原理方框图如图 2-5-9 所示。

图 2-5-8　双吸盘夹具的安装

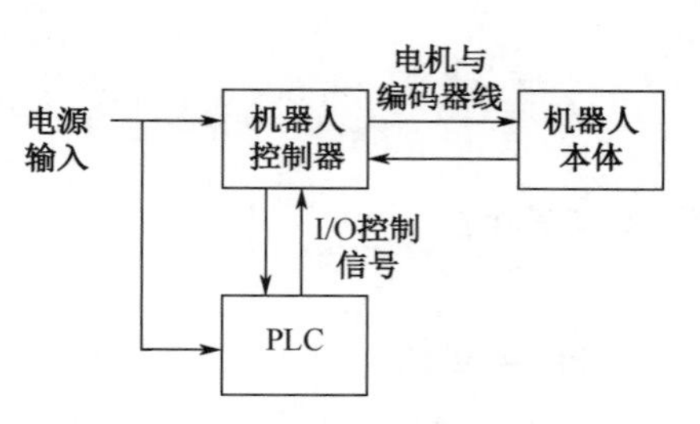

图 2-5-9　控制原理方框图

四、设计 PLC 的 I/O 控制原理图

根据任务要求，可设计出 PLC 的 I/O 控制原理图，如图 2-5-10 所示。图中的 Q1.0（对应 OUT9）是双吸盘夹具上吸盘 1 的控制 YV1 电磁阀控制信号，Q1.1（对应 OUT10）是双吸盘夹具上吸盘 2 的控制 YV2 电磁阀控制信号。

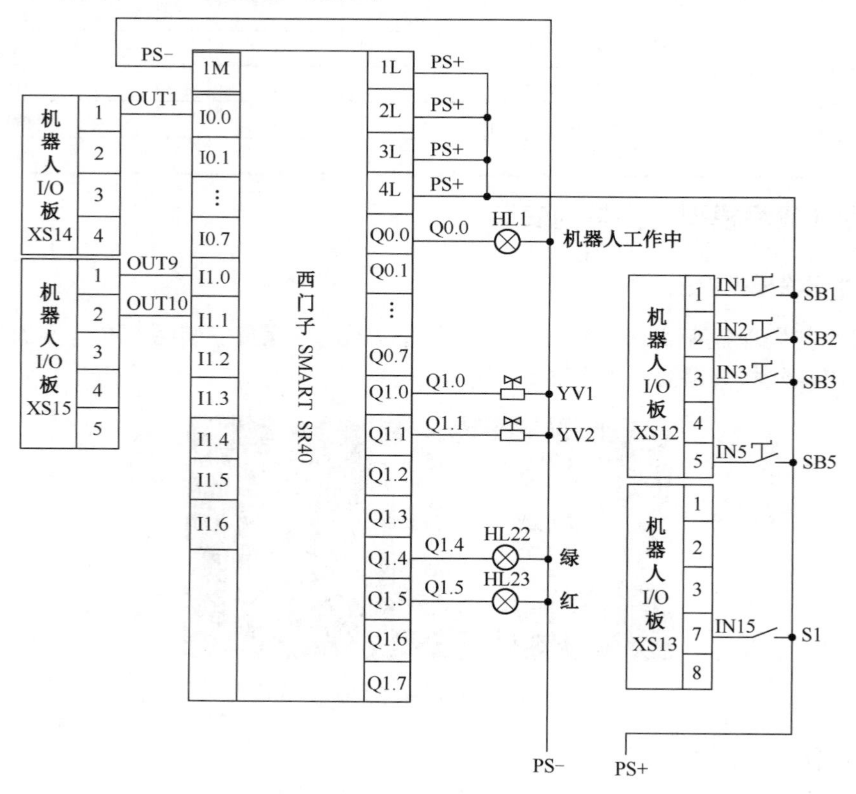

图 2-5-10　PLC 的 I/O 控制原理图

五、线路安装

根据图 2-5-10 所示的 I/O 控制原理图，完成 6 轴机器人单元的安装与接线。

六、6 轴机器人单元的 PLC 程序设计

根据任务要求，参照图 2-5-10 所示的 I/O 控制原理图，设计的 PLC 梯形图程序如图 2-5-11 所示。

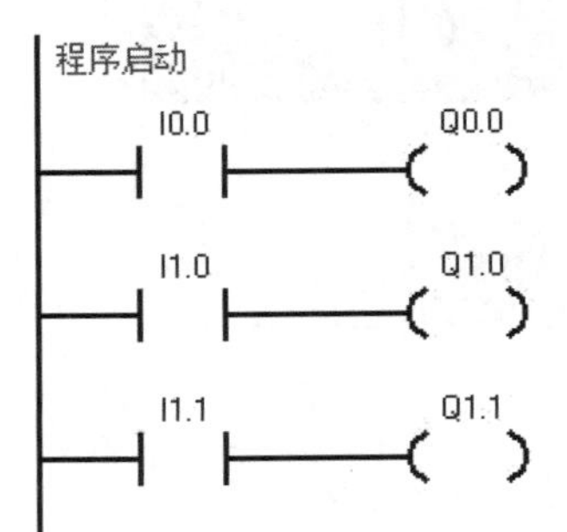

符号	地址	注释
CPU_输出0	Q0.0	机器人工作中
CPU_输出8	Q1.0	YV1电磁阀驱动信号
CPU_输出9	Q1.1	YV2电磁阀驱动信号
CPU_输入0	I0.0	机器人上电
CPU_输入8	I1.0	机器人驱动YV1电磁阀信号
CPU_输入9	I1.1	机器人驱动YV2电磁阀信号

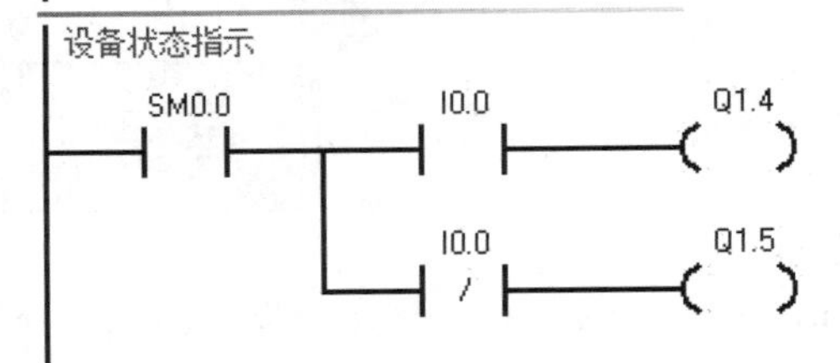

符号	地址	注释
Always_On	SM0.0	始终接通
CPU_输出12	Q1.4	运行指示灯
CPU_输出13	Q1.5	停止指示灯
CPU_输入0	I0.0	机器人上电

图 2-5-11　PLC 梯形图程序

七、确定机器人运动所需示教点

根据如图 2-5-12～图 2-5-16 所示的零件码垛模型机器人运动轨迹分布图，可确定其运动所需的示教点见表 2-5-3。

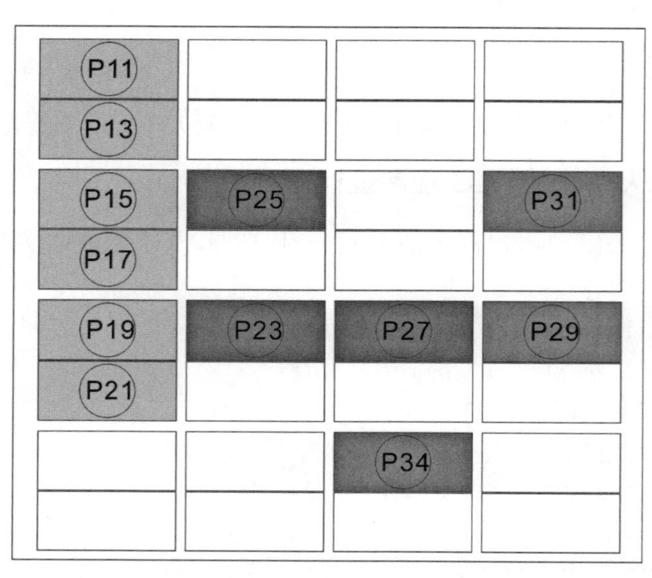

图 2-5-12　零件码垛模型储料盘点位轨迹分布图

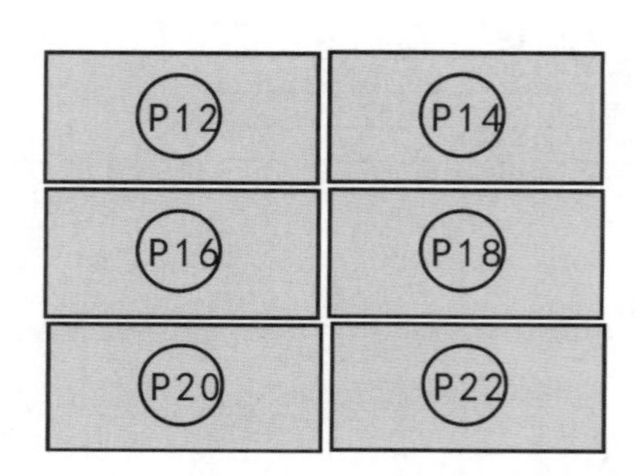

图 2-5-13　零件码垛模型码垛盘第一层轨迹分布图

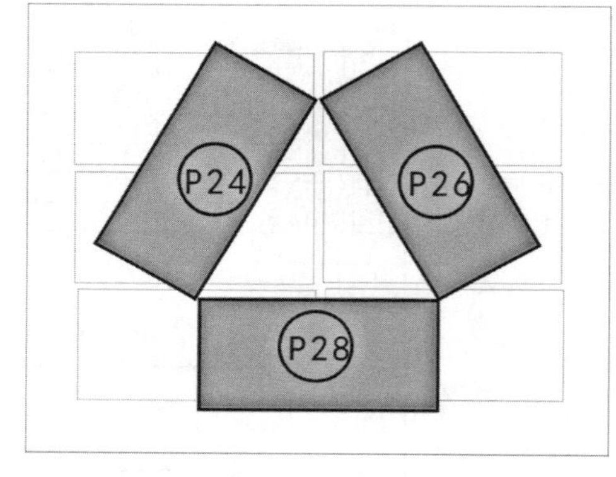

图 2-5-14　零件码垛模型码垛盘第二层轨迹分布图

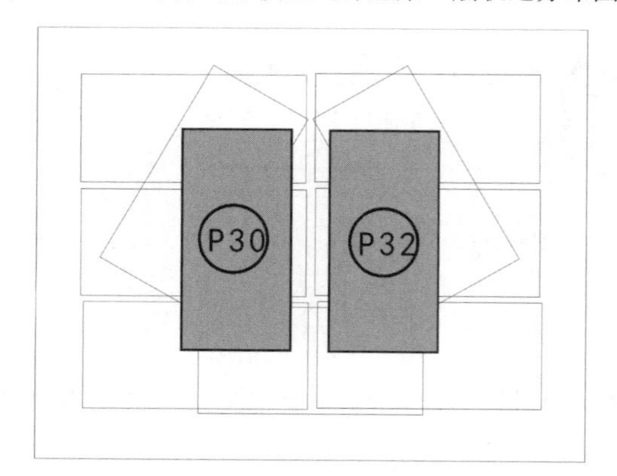

图 2-5-15　零件码垛模型码垛盘第三层轨迹分布图

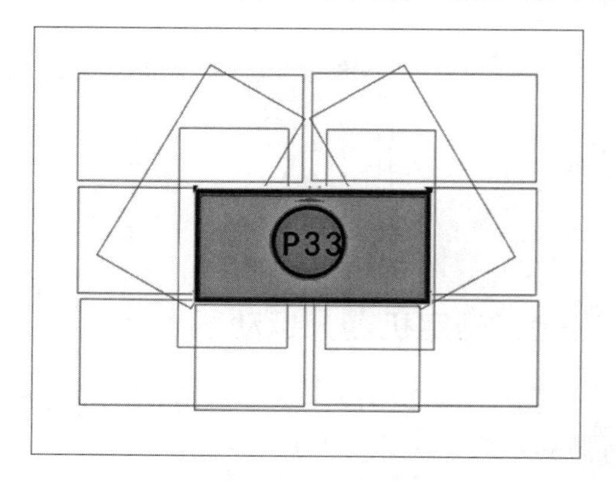

图 2-5-16　零件码垛模型码垛盘第四层轨迹分布图

表 2-5-3　机器人运动轨迹示教点

序　号	点 序 号	注　释	备　注
1	P100	机器人初始位置	需示教
2	P10	物料盘过渡点	需示教
3	P11	储料盘点	需示教
4	P13	储料盘点	需示教
5	P15	储料盘点	需示教
6	P17	储料盘点	需示教
7	P19	储料盘点	需示教
8	P21	储料盘点	需示教
9	P23	储料盘点	需示教
10	P25	储料盘点	需示教
11	P27	储料盘点	需示教
12	P29	储料盘点	需示教
13	P31	储料盘点	需示教
14	P34	储料盘点	需示教
15	P12、P14、P16、P18、P20、P22	码垛盘第一层点	需示教
16	P24、P26、P28	码垛盘第二层点	需示教
17	P30、P32	码垛盘第三层点	需示教
18	P33	码垛盘第四层点	需示教
19	P28	码垛盘第二层点	需示教
20	P30	码垛盘第三层点	需示教
21	P32	码垛盘第三层点	需示教
22	P33	码垛盘第四层点	需示教

八、机器人程序的编写

根据机器人运动轨迹编写机器人程序时，首先根据控制要求绘制机器人程序流程图，然后编写机器人主程序和子程序。子程序主要包括机器人回定义原点子程序、机器人程序初始化子程序、码垛子程序、吸盘吸放子程序。编写子程序前要先设计好机器人的运动轨迹及定义好机器人的程序点。

1．设计机器人程序流程图

根据控制功能，设计机器人程序流程图，如图 2-5-17 所示。

2．配置 PLC 与机器人系统 I/O 地址

配置 PLC 与机器人系统 I/O 地址，见表 2-5-4。

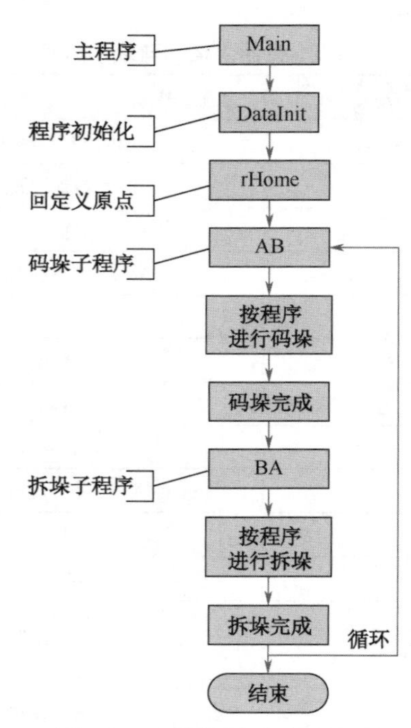

图 2-5-17　机器人程序流程图

表 2-5-4　配置 PLC 机器人系统 I/O 地址

序号	机器人 I/O	PLC I/O	功能描述	外部信号	备注
1	DI10_1		IN1=ON 机器人 Motor On	IN1	钮子开关 SB1
2	DI10_2		IN2=ON Start Main	IN2	钮子开关 SB2
3	DI10_3		IN3=ON 机器人 Start	IN3	钮子开关 SB3
4	DI10_5		IN5=ON 机器人 Motor Off	IN5	钮子开关 SB5
5	DI10_15		IN15=ON 机器人 Stop	IN15	门磁信号 S1
6	DO10_1	I0.0	OUT1=ON Motor State	OUT1	机器人工作中
7	DO10_9	I1.0	OUT9=ON PLC Q1.0=ON	OUT9	YV1（吸盘 1 电磁阀）动作
8	DO10_10	I1.1	OUT10=ON PLC Q1.1=ON	OUT10	YV2（吸盘 2 电磁阀）动作

3．系统输入/输出设定

参照前面任务所介绍的方法进行系统输入/输出的设定，在此不再赘述。

4．机器人程序设计

根据机器人程序流程图、轨迹图设计机器人程序。

（1）机器人主程序编写（仅供参考）

```
PROC Main()
    DataInit;                          !调用初始化子程序
    rHome;                             !调用回原点子程序
    WaitDI DI10_3,1;                   !钮子开关打开，机器人启动
    AB;                                !调用码垛子程序
    rHome;                             !调用回原点子程序
```

```
        BA;                                      !调用拆垛子程序
    ENDPROC
```

（2）机器人初始化子程序编写（仅供参考）

```
    PROC DataInit()
        Reset DO10_9;                            !关闭吸盘 A
        Reset DO10_10;                           !关闭吸盘 B
        AccSet 100,100;                          !定义机器人的加速度
        Velset 100,5000;                         !设定最大的速度与倍率
    ENDPROC
```

（3）机器人回原点子程序编写（仅供参考）

```
    PROC rHome()
        MoveAbsJ p100\NoEOffs, v300, fine, tool0;  !回到安全点位置
    ENDPROC
```

（4）机器人码垛子程序编写（仅供参考）

```
    PROC AB()
        MoveJ p10, v300, z50, tool0;             !码垛子程序开始
        MoveL Offs(p11,0,0,30), v300, z10, tool0;
        MoveL p11, v40, fine, tool0;             !吸取第一个物料
        c;                                       !调用打开吸盘子程序
        MoveL Offs(p11,0,0,30), v40, fine, tool0;
        MoveJ p10, v300, z50, tool0;
        MoveL Offs(p12,0,0,30), v300, z10, tool0;
        MoveL p12, v40, fine, tool0;             !码垛盘第一层第一个
        f;                                       !调用关闭吸盘子程序
        MoveL Offs(p12,0,0,30), v40, fine, tool0;
        MoveJ p10, v300, z50, tool0;
        MoveL Offs(p13,0,0,30), v300, z10, tool0;
        MoveL p13, v40, fine, tool0;             !吸取第二个物料
        c;                                       !调用打开吸盘子程序
        MoveL Offs(p13,0,0,30), v40, fine, tool0;
        MoveJ p10, v300, z50, tool0;
        MoveL Offs(p14,0,0,30), v300, z10, tool0;
        MoveL p14, v40, fine, tool0;             !码垛盘第一层第二个
        f;                                       !调用关闭吸盘子程序
        MoveL Offs(p14,0,0,30), v40, fine, tool0;
        MoveJ p10, v300, z50, tool0;
        MoveL Offs(p15,0,0,30), v300, z10, tool0;
        MoveL p15, v40, fine, tool0;             !吸取第三个物料
        c;                                       !调用打开吸盘子程序
        MoveL Offs(p15,0,0,30), v40, fine, tool0;
```

```
MoveJ p10, v200, z50, tool0;
MoveL Offs(p16,0,0,30), v300, z10, tool0;
MoveL p16, v40, fine, tool0;                    !码垛盘第一层第三个
f;                                              !调用关闭吸盘子程序
MoveL Offs(p16,0,0,30), v40, fine, tool0;
MoveJ p10, v300, z50, tool0;
MoveL Offs(p17,0,0,30), v300, z10, tool0;
MoveL p17, v40, fine, tool0;                    !吸取第四个物料
c;                                              !调用打开吸盘子程序
MoveL Offs(p17,0,0,30), v40, fine, tool0;
MoveJ p10, v300, z50, tool0;
MoveL Offs(p18,0,0,30), v300, z10, tool0;
MoveL p18, v40, fine, tool0;                    !码垛盘第一层第四个
f;                                              !调用关闭吸盘子程序
MoveL Offs(p18,0,0,30), v40, fine, tool0;
MoveJ p10, v300, z50, tool0;
MoveL Offs(p19,0,0,30), v300, z10, tool0;
MoveL p19, v40, fine, tool0;                    !吸取第五个物料
c;                                              !调用打开吸盘子程序
MoveL Offs(p19,0,0,30), v40, fine, tool0;
MoveJ p10, v300, z50, tool0;
MoveL Offs(p20,0,0,30), v300, fine, tool0;
MoveL p20, v40, fine, tool0;                    !码垛盘第一层第五个
f;                                              !调用关闭吸盘子程序
MoveL Offs(p20,0,0,30), v40, fine, tool0;
MoveJ p10, v300, z50, tool0;
MoveL Offs(p21,0,0,30), v300, z10, tool0;
MoveL p21, v40, fine, tool0;                    !吸取第六个物料
c;                                              !调用打开吸盘子程序
MoveL Offs(p21,0,0,30), v40, fine, tool0;
MoveJ p10, v300, z50, tool0;
MoveL Offs(p22,0,0,30), v300, z10, tool0;
MoveL p22, v40, fine, tool0;                    !码垛盘第一层第六个
f;                                              !调用关闭吸盘子程序
MoveL Offs(p22,0,0,30), v40, fine, tool0;
MoveJ p10, v300, z50, tool0;
MoveL Offs(p23,0,0,30), v300, z10, tool0;
MoveL p23, v40, fine, tool0;                    !吸取第七个物料
c;                                              !调用打开吸盘子程序
MoveL Offs(p23,0,0,30), v40, fine, tool0;
```

```
MoveJ p10, v300, z50, tool0;
MoveL Offs(p24,0,0,30), v300, z10, tool0;
MoveL p24, v40, fine, tool0;                    !码垛盘第二层第一个
f;                                              !调用关闭吸盘子程序
MoveL Offs(p24,0,0,30), v40, fine, tool0;
MoveJ p10, v300, z50, tool0;
MoveL Offs(p25,0,0,30), v300, z10, tool0;
MoveL p25, v40, fine, tool0;                    !吸取第八个物料
c;                                              !调用打开吸盘子程序
MoveL Offs(p25,0,0,30), v40, fine, tool0;
MoveJ p10, v300, z50, tool0;
MoveL Offs(p26,0,0,30), v300, z10, tool0;
MoveL p26, v40, fine, tool0;                    !码垛盘第二层第二个
f;                                              !调用关闭吸盘子程序
MoveL Offs(p26,0,0,30), v40, fine, tool0;
MoveJ p10, v300, z50, tool0;
MoveL Offs(p27,0,0,30), v300, z10, tool0;
MoveL p27, v40, fine, tool0;                    !吸取第九个物料
c;                                              !调用打开吸盘子程序
MoveL Offs(p27,0,0,30), v40, fine, tool0;
MoveJ p10, v300, z50, tool0;
MoveL Offs(p28,0,0,30), v300, z10, tool0;
MoveL p28, v40, fine, tool0;                    !码垛盘第二层第三个
f;                                              !调用关闭吸盘子程序
MoveL Offs(p28,0,0,30), v40, fine, tool0;
MoveJ p10, v300, z50, tool0;
MoveL Offs(p29,0,0,30), v300, z10, tool0;
MoveL p29, v40, fine, tool0;                    !吸取第十个物料
c;                                              !调用打开吸盘子程序
MoveL Offs(p29,0,0,30), v40, fine, tool0;
MoveJ p10, v300, z50, tool0;
MoveL Offs(p30,0,0,30), v300, z10, tool0;
MoveL p30, v40, fine, tool0;                    !码垛盘第三层第一个
f;                                              !调用关闭吸盘子程序
MoveL Offs(p30,0,0,30), v40, fine, tool0;
MoveJ p10, v300, z50, tool0;
MoveL Offs(p31,0,0,30), v300, z10, tool0;
MoveL p31, v40, fine, tool0;                    !吸取第十一个物料
c;                                              !调用打开吸盘子程序
MoveL Offs(p31,0,0,30), v40, fine, tool0;
```

```
        MoveJ p10, v300, z50, tool0;
        MoveL Offs(p32,0,0,30), v300, z10, tool0;
        MoveL p32, v40, fine, tool0;                    !码垛盘第三层第二个
        f;                                              !调用关闭吸盘子程序
        MoveL Offs(p32,0,0,30), v40, fine, tool0;
        MoveJ p10, v300, z50, tool0;
        MoveL Offs(p34,0,0,30), v300, z10, tool0;
        MoveL p34, v40, fine, tool0;                    !吸取第十二个物料
        c;                                              !调用打开吸盘子程序
        MoveL Offs(p34,0,0,30), v40, fine, tool0;
        MoveJ p10, v300, z50, tool0;
        MoveL Offs(p33,0,0,60), v300, z10, tool0;
        MoveL p33, v40, fine, tool0;                    !码垛盘第四层第一个
        f;                                              !调用关闭吸盘子程序
        MoveL Offs(p33,0,0,40), v40, fine, tool0;
        MoveJ p10, v300, z50, tool0;
    ENDPROC
```

（5）机器人拆垛子程序（仅供参考）

```
    PROC BA()
        MoveJ p10, v300, z50, tool0;                    !拆垛子程序开始
        MoveL Offs(p33,0,-5,60), v200, z10, tool0;
        MoveL Offs(p33,0,-5,0), v40, fine, tool0;
        MoveL p33, v40, fine, tool0;                    !码垛盘第四层第一个开始拆垛
        c;                                              !调用打开吸盘子程序
        MoveL Offs(p330,0,30), v40, fine, tool0;
        MoveJ p10, v300, z50, tool0;
        MoveL Offs(p34,0,0,30), v200, z10, tool0;
        MoveL p34, v40, fine, tool0;                    !放置第十二个物料
        f;                                              !调用关闭吸盘子程序
        MoveL Offs(p34,0,0,30), v40, fine, tool0;
        MoveJ p10, v300, z50, tool0;
        MoveL Offs(p32,0,0,30), v200, z10, tool0;
        MoveL p32, v40, fine, tool0;                    !码垛盘第三层第二个开始拆垛
        c;                                              !调用打开吸盘子程序
        MoveL Offs(p32,0,0,30), v40, fine, tool0;
        MoveJ p10, v300, z50, tool0;
        MoveL Offs(p31,0,0,30), v200, z10, tool0;
        MoveL p31, v40, fine, tool0;                    !放置第十一个物料
        f;                                              !调用关闭吸盘子程序
        MoveL Offs(p31,0,0,30), v40, fine, tool0;
```

```
MoveJ p10, v300, z50, tool0;
MoveL Offs(p30,0,0,30), v200, z10, tool0;
MoveL p30, v40, fine, tool0;                    !码垛盘第三层第一个开始拆垛
c;                                              !调用打开吸盘子程序
MoveL Offs(p30,0,0,30), v40, fine, tool0;
MoveJ p10, v300, z50, tool0;
MoveL Offs(p29,0,0,30), v200, z10, tool0;
MoveL p29, v40, fine, tool0;                    !放置第十个物料
f;                                              !调用关闭吸盘子程序
MoveL Offs(p29,0,0,30), v40, fine, tool0;
MoveJ p10, v300, z50, tool0;
MoveL Offs(p28,0,0,30), v200, z10, tool0;
MoveL p28, v40, fine, tool0;                    !码垛盘第二层第三个开始拆垛
c;                                              !调用打开吸盘子程序
MoveL Offs(p28,0,0,30), v40, fine, tool0;
MoveJ p10, v300, z50, tool0;
MoveL Offs(p27,0,0,30), v200, z10, tool0;
MoveL p27, v40, fine, tool0;                    !放置第九个物料
f;                                              !调用关闭吸盘子程序
MoveL Offs(p27,0,0,30), v40, fine, tool0;
MoveJ p10, v300, z50, tool0;
MoveL Offs(p26,0,0,30), v200, z10, tool0;
MoveL p26, v40, fine, tool0;                    !码垛盘第二层第二个开始拆垛
c;                                              !调用打开吸盘子程序
MoveL Offs(p26,0,0,30), v40, fine, tool0;
MoveJ p10, v300, z50, tool0;
MoveL Offs(p25,0,0,30), v200, z10, tool0;
MoveL p25, v40, fine, tool0;                    !放置第八个物料
f;                                              !调用关闭吸盘子程序
MoveL Offs(p25,0,0,30), v40, fine, tool0;
MoveJ p10, v300, z50, tool0;
MoveL Offs(p24,0,0,30), v200, z10, tool0;
MoveL p24, v40, fine, tool0;                    !码垛盘第二层第一个开始拆垛
c;                                              !调用打开吸盘子程序
MoveL Offs(p24,0,0,30), v40, fine, tool0;
MoveJ p10, v300, z50, tool0;
MoveL Offs(p23,0,0,30), v200, z10, tool0;
MoveL p23, v40, fine, tool0;                    !放置第七个物料
f;                                              !调用关闭吸盘子程序
MoveL Offs(p23,0,0,30), v40, fine, tool0;
```

```
MoveJ p10, v300, z50, tool0;
MoveL Offs(p22,0,0,30), v200, z10, tool0;
MoveL p22, v40, fine, tool0;                    !码垛盘第一层第六个开始拆垛
c;                                              !调用打开吸盘子程序
MoveL Offs(p22,0,0,30), v40, fine, tool0;
MoveJ p10, v300, z50, tool0;
MoveL Offs(p21,0,0,30), v200, z10, tool0;
MoveL p21, v40, fine, tool0;                    !放置第六个物料
f;                                              !调用关闭吸盘子程序
MoveL Offs(p21,0,0,30), v40, fine, tool0;
MoveJ p10, v300, z50, tool0;
MoveL Offs(p20,0,0,30), v200, fine, tool0;
MoveL p20, v40, fine, tool0;                    !码垛盘第一层第五个开始拆垛
c;                                              !调用打开吸盘子程序
MoveL Offs(p20,0,0,30), v40, fine, tool0;
MoveJ p10, v300, z50, tool0;
MoveL Offs(p19,0,0,30), v200, z10, tool0;
MoveL p19, v40, fine, tool0;                    !放置第五个物料
f;                                              !调用关闭吸盘子程序
MoveL Offs(p19,0,0,30), v40, fine, tool0;
MoveJ p10, v300, z50, tool0;
MoveL Offs(p18,0,0,30), v200, z10, tool0;
MoveL p18, v40, fine, tool0;                    !码垛盘第一层第四个开始拆垛
c;                                              !调用打开吸盘子程序
MoveL Offs(p18,0,0,30), v40, fine, tool0;
MoveJ p10, v300, z50, tool0;
MoveL Offs(p17,0,0,30), v200, z10, tool0;
MoveL p17, v40, fine, tool0;                    !放置第四个物料
f;                                              !调用关闭吸盘子程序
MoveL Offs(p17,0,0,30), v40, fine, tool0;
MoveJ p10, v300, z50, tool0;
MoveL Offs(p16,0,0,30), v200, z10, tool0;
MoveL p16, v40, fine, tool0;                    !码垛盘第一层第三个开始拆垛
c;                                              !调用打开吸盘子程序
MoveL Offs(p16,0,0,30), v200, fine, tool0;
MoveJ p10, v300, z50, tool0;
MoveL Offs(p15,0,0,30), v200, z10, tool0;
MoveL p15, v40, fine, tool0;                    !放置第三个物料
f;                                              !调用关闭吸盘子程序
MoveL Offs(p15,0,0,30), v200, z10, tool0;
```

```
        MoveJ p10, v300, z50, tool0;
        MoveL Offs(p14,0,0,30), v200, z10, tool0;
        MoveL p14, v40, fine, tool0;                    !码垛盘第一层第二个开始拆垛
        c;                                              !调用打开吸盘子程序
        MoveL Offs(p14,0,0,30), v40, fine, tool0;
        MoveJ p10, v300, z50, tool0;
        MoveL Offs(p13,0,0,30), v200, z10, tool0;
        MoveL p13, v40, fine, tool0;                    !放置第二个物料
        f;                                              !调用关闭吸盘子程序
        MoveL Offs(p13,0,0,30), v40, fine, tool0;
        MoveJ p10, v300, z50, tool0;
        MoveL Offs(p12,0,0,30), v200, z10, tool0;
        MoveL p12, v40, fine, tool0;                    !码垛盘第一层第一个开始拆垛
        c;                                              !调用打开吸盘子程序
        MoveL Offs(p12,0,0,30), v200, fine, tool0;
        MoveJ p10, v300, z50, tool0;
        MoveL Offs(p11,0,0,30), v200, z10, tool0;
        MoveL p11, v40, fine, tool0;                    !放置第一个物料
        f;                                              !调用关闭吸盘子程序
        MoveL Offs(p11,0,0,30), v40, fine, tool0;
        MoveJ p10, v300, z50, tool0;
    ENDPROC
```

（6）机器人吸盘子程序（仅供参考）

```
    PROC c()                                            !打开吸盘子程序
        WaitTime 0.3;
        Set DO10_9;                                     !打开吸盘 A
        Set DO10_10;                                    !打开吸盘 B
        WaitTime 0.3;
    ENDPROC
    PROC f()                                            !关闭吸盘子程序
        WaitTime 0.3;
        Reset DO10_9;                                   !关闭吸盘 A
        Reset DO10_10;                                  !关闭吸盘 B
        WaitTime 0.5;
    ENDPROC
```

5．程序数据修改

（1）机器人程序位置点的修改

手动操纵机器人到所要修改点的位置，进入“程序数据”中的“robtarget”数据，选择所要修改的点，单击“编辑”→“修改位置”完成修改，如图 2-5-18 所示。

（2）同理，依次完成其他点的示教修改

（3）参考上面机器人程序，改用积木累积码垛设计码垛及拆垛实训

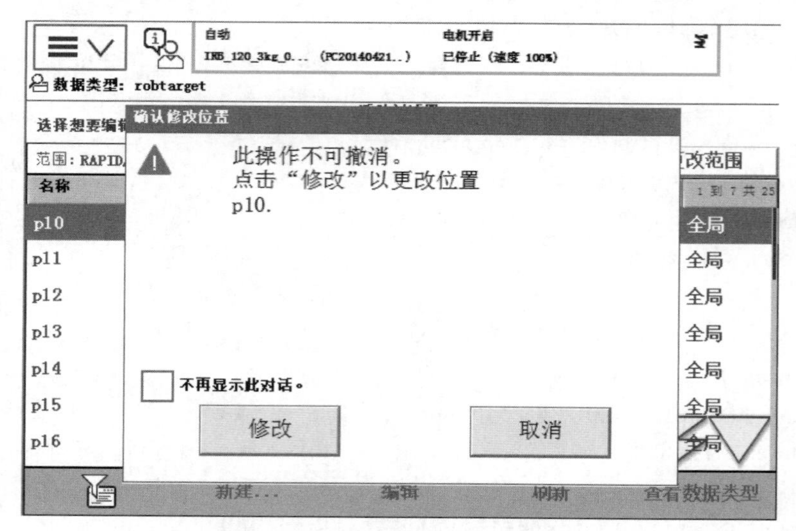

图 2-5-18 机器人程序位置点的修改

6．手动测试机器人自动运行

将机器人控制柜的钥匙旋钮置于左侧图标“”位置，在示教器上单击“确定”按钮，允许机器人自动允许；单击“PP 移至 Main”，再单击“是”按钮，使 PP 指针移动到 Main 程序第一行；单击伺服开关“”，伺服开关灯亮。单击操作器上的按钮“”，机器人开始自动运行，进行积木累积码垛及拆垛，循环下去，只有按下“”按钮，机器人才停止运动。

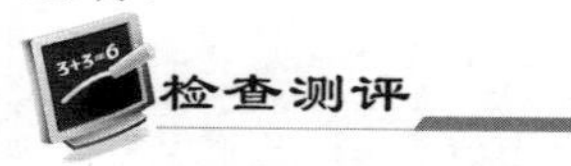

检查测评

对任务实施的完成情况进行检查，并将结果填入表 2-5-5 内。

表 2-5-5 任务测评表

序号	主要内容	考核要求	评分标准	配分	扣分	得分
1	机械安装	夹具与模块固定牢紧，不缺少螺丝	1．夹具与模块安装位置不合适，扣 5 分 2．夹具或模块松动，扣 5 分 3．损坏夹具或模块，扣 10 分	10		
2	机器人程序设计与示教操作	I/O 配置完整，程序设计正确，机器人示教正确	1．操作机器人动作不规范，扣 5 分 2．机器人不能完成工件装配，每个轨迹扣 10 分 3．缺少 I/O 配置，每个扣 1 分 4．程序缺少输出信号设计，每个扣 1 分 5．工具坐标系定义错误或缺失，每个扣 5 分	70		
4	PLC 程序设计	PLC 程序正确；I/O 配置完整；PLC 程序完整	1．PLC 程序出错，扣 3 分 2．PLC 配置不完整，每个扣 1 分 3．PLC 程序缺失，视情况严重性扣 3～10 分	10		

续表

序号	主要内容	考核要求	评分标准	配分	扣分	得分
5	安全文明生产	劳动保护用品穿戴整齐；遵守操作规程；讲文明礼貌；操作结束要清理现场	1. 操作中，违反安全文明生产考核要求的任何一项扣 5 分，扣完为止 2. 当发现学生有重大事故隐患时，要立即予以制止，并每次扣安全文明生产分 5 分 3. 穿戴不整洁，扣 2 分；设备不还原，扣 5 分；现场不清理，扣 5 分	10		
合　计						
开始时间：			结束时间：			

任务 6　工业机器人工件装配单元的编程与操作

学习目标

✧ 知识目标

1. 掌握工件装配单元的机器人程序编写。
2. 掌握工业机器人点对点装配路径的设计方法。
3. 掌握工业机器人工件装配路径的设计方法。
4. 掌握工业机器人抓手吸盘的控制使用。

✧ 能力目标

1. 能够完成工件装配模块及抓手吸盘夹具的安装。
2. 能够完成工件装配单元的机器人程序编写。
3. 能够完成工件装配单元 PLC 程序的编写。

工作任务

如图 2-6-1 所示是一个工业机器人工件装配单元模型工作站，其工件装配模型结构示意图如图 2-6-2 所示。本任务采用示教编程方法，操作机器人实现工件装配单元的示教。

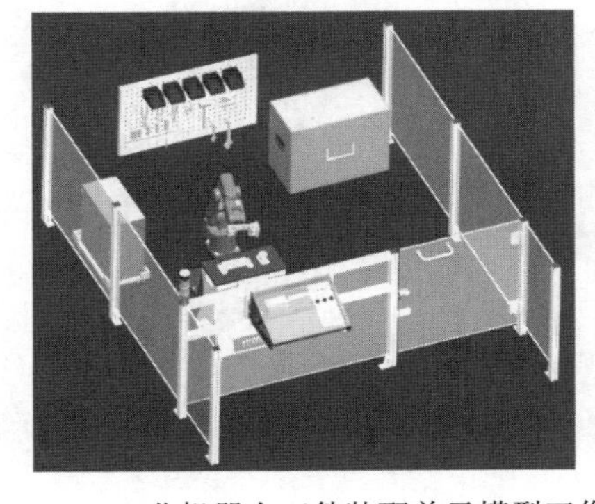

图 2-6-1　工业机器人工件装配单元模型工作站

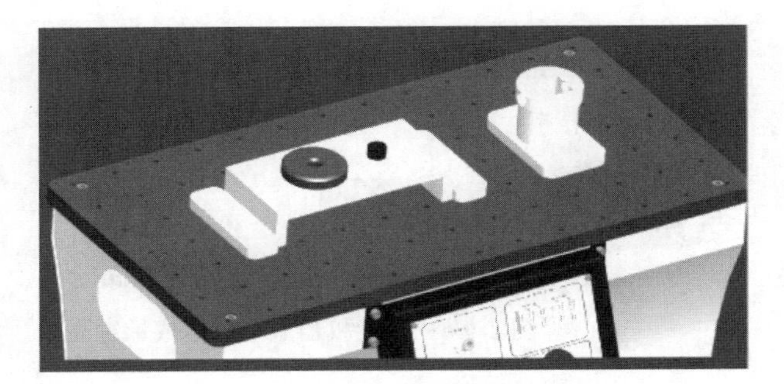

图 2-6-2　工件装配模型结构示意图

具体控制要求如下：

1．将电气控制板面板“启动”钮子开关 SB1 置于“ON”，设备给出“启动”信号后，机器人伺服上电；再将钮子开关 SB1 置于“OFF”；之后将钮子开关 SB2 置于“ON”，机器人进入主程序，再将 SB2 置于“OFF”，“运行”指示灯绿灯亮；系统进入等待状态后，将钮子开关 SB3 置于“ON”，机器人开始工件装配，依次循环。

2．将电气控制板面板“停止”钮子开关 SB5 置于“ON”，设备给出“停止”信号，再将 SB5 置于“OFF”，“停止”指示灯红灯亮，系统进入停止状态，所有气动机构均保持状态不变。

相关知识

一、工业机器人工件装配模型工作站

工业机器人工件装配模型工作站是机器人通过抓手吸盘夹具的抓手端先后拾取大小两种工件，并按先后顺序在装配模型上完成装配；随后按相反顺序把大小两种工件拆卸放回装配前的位置，完成拆卸任务，并能依此循环。该工作站主要由 6 轴工业机器人、工件装配模型、模型实训平台等组成，如图 2-6-3 所示。

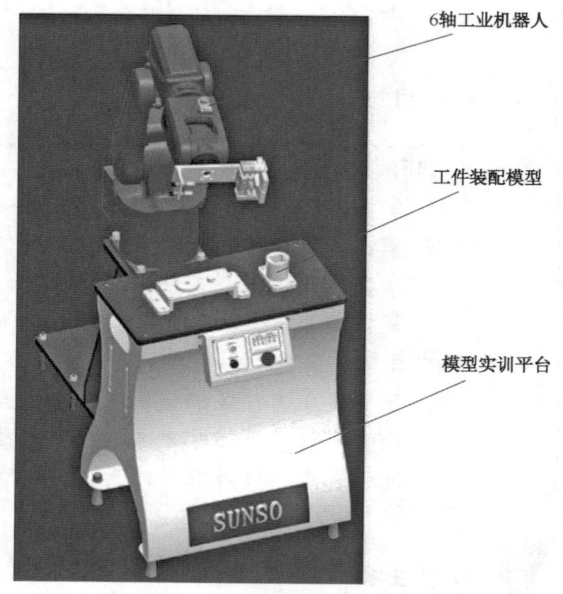

图 2-6-3　工业机器人工件装配模型工作站的组成

1．工业机器人的系统组成

本工作站所采用的是一款额定负载为 3kg，小型 6 自由度的 IRB 型工业机器人。它由机器人本体、控制器、示教器和连接电缆组成，如图 2-6-4 所示。

2．工件装配模型

工件装配模型结构示意图如图 2-6-5 所示。其主要部件组成见表 2-6-1。

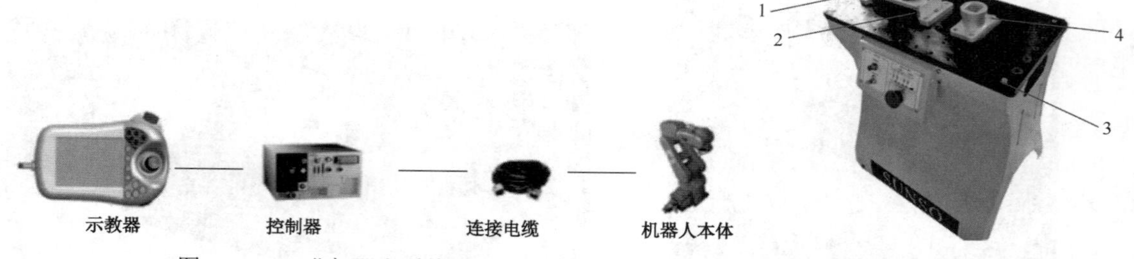

图 2-6-4　工业机器人系统组成示意图

图 2-6-5　工件装配模型结构示意图

表 2-6-1 工件装配模型组成部件

序号	名称	序号	名称	序号	名称	序号	名称
1	装配工件	2	工件装配模型 A	3	模型实训平台	4	工件装配模型 B

任务实施

一、任务准备

实施本任务教学所使用的实训设备及工具材料可参考表 2-6-2。

表 2-6-2 实训设备及工具材料

序 号	分 类	名 称	型 号 规 格	数 量	单 位	备 注
1	工具	内六角扳手	3.0mm	1	个	工具墙
2		内六角扳手	4.0mm	1	个	工具墙
3	设备器材	内六角螺丝	M5	12	颗	工具墙黄色盒
4		工件装配模块		16	个	物料间领料
5		抓手吸盘夹具		1	个	物料间领料

二、工件装配模型与夹具的安装

1．工件装配模型的安装

将工件装配模型在实训平台上放至合适位置，并保持安装螺丝孔与实训平台固定螺丝孔对应，用螺丝将其锁紧，如图 2-6-6 所示。

2．夹具的安装

工件装配模型可采用双吸盘夹具，也可采用抓手吸盘夹具；双吸盘夹具的安装与前面任务介绍的方法相同。抓手吸盘夹具的安装方法：首先把夹具调整到合适位置，并把安装螺丝孔与机器人 J6 轴法兰安装孔位对应，然后用螺丝锁紧；再将气管与夹具上的抓手气缸连接，如图 2-6-7 所示。

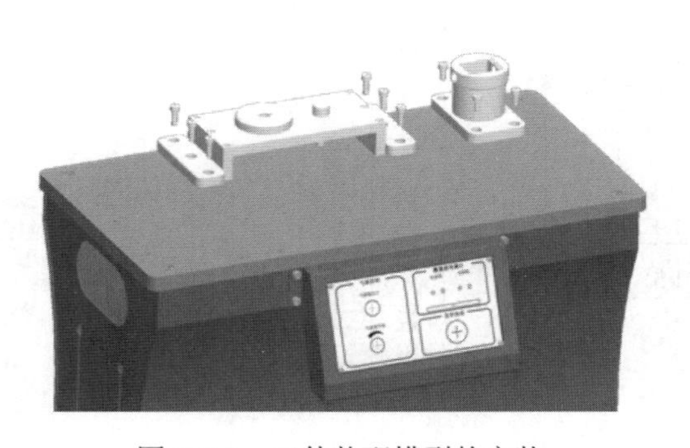

图 2-6-6 工件装配模型的安装

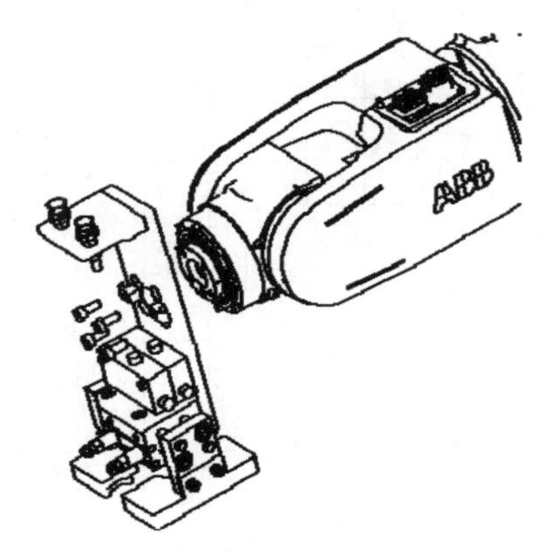

图 2-6-7 抓手吸盘夹具的安装

三、设计控制原理方框图

根据控制要求，设计控制原理方框图如图 2-6-8 所示。

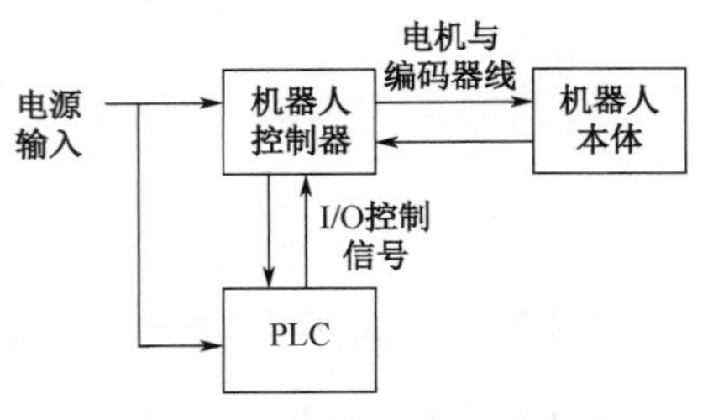

图 2-6-8　控制原理方框图

四、设计 PLC 的 I/O 控制原理图

根据任务要求，可设计出 PLC 的 I/O 控制原理图，如图 2-6-9 所示。图中的 Q1.0（对应 OUT9）是抓手吸盘夹具上抓手松开控制 YV1 电磁阀控制信号，Q1.1（对应 OUT10）是抓手吸盘夹具上抓手夹紧控制 YV2 电磁阀控制信号。

五、线路安装

根据图 2-6-9 所示的 I/O 控制原理图，完成 6 轴机器人单元的安装与接线。

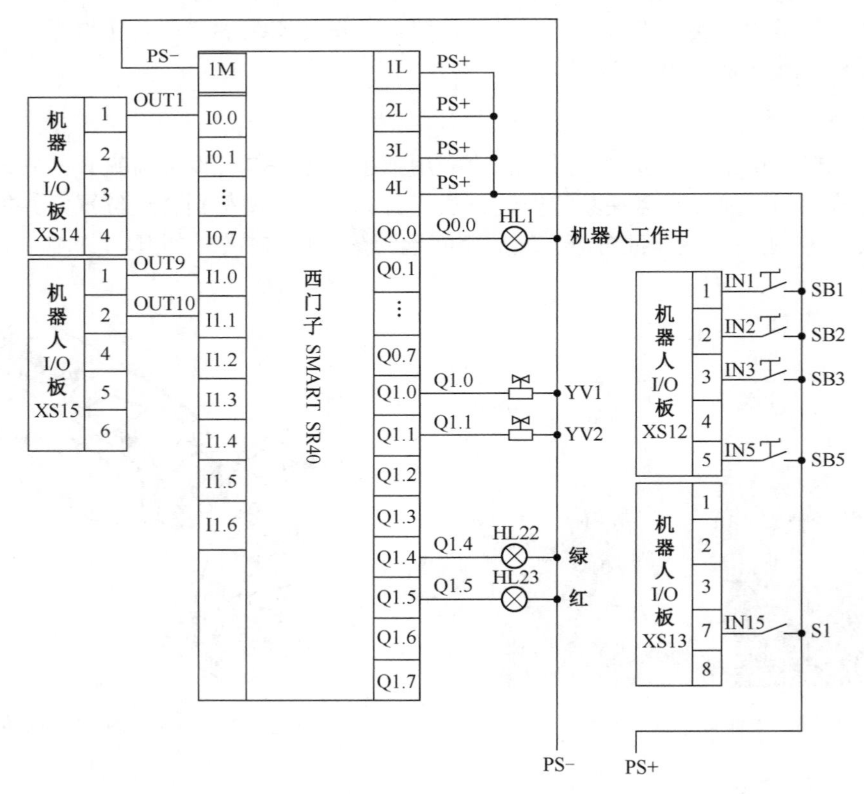

图 2-6-9　PLC 的 I/O 控制原理图

六、6 轴机器人单元的 PLC 程序设计

根据任务要求，参照图 2-6-9 所示的 I/O 控制原理图，设计的 PLC 梯形图程序如图 2-6-10 所示。

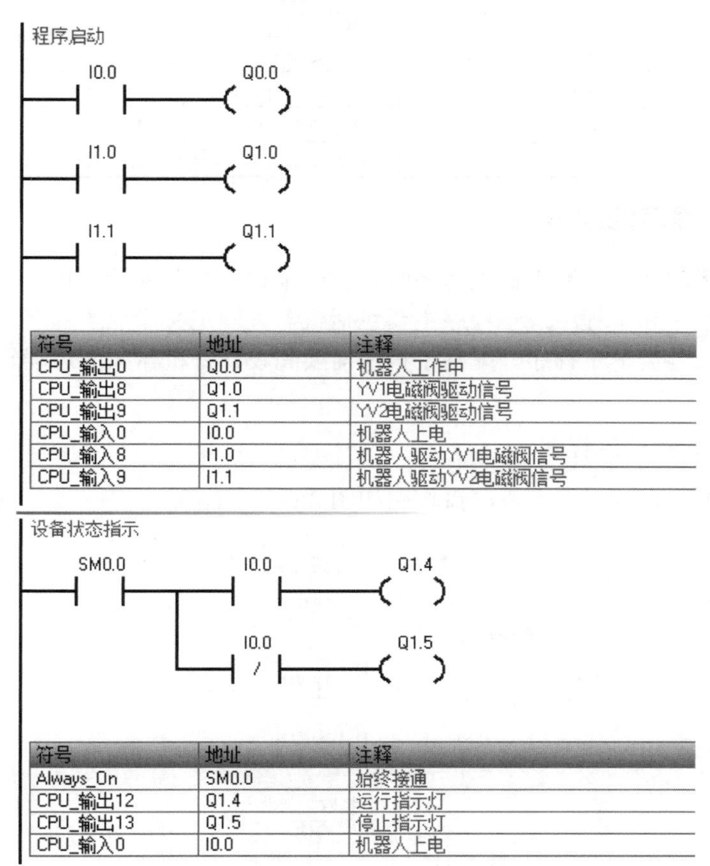

符号	地址	注释
CPU_输出0	Q0.0	机器人工作中
CPU_输出8	Q1.0	YV1电磁阀驱动信号
CPU_输出9	Q1.1	YV2电磁阀驱动信号
CPU_输入0	I0.0	机器人上电
CPU_输入8	I1.0	机器人驱动YV1电磁阀信号
CPU_输入9	I1.1	机器人驱动YV2电磁阀信号

符号	地址	注释
Always_On	SM0.0	始终接通
CPU_输出12	Q1.4	运行指示灯
CPU_输出13	Q1.5	停止指示灯
CPU_输入0	I0.0	机器人上电

图 2-6-10　PLC 梯形图程序

七、确定机器人运动所需示教点

根据如图 2-6-11 所示的机器人运动轨迹分布图，可确定其运动所需的示教点见表 2-6-3。

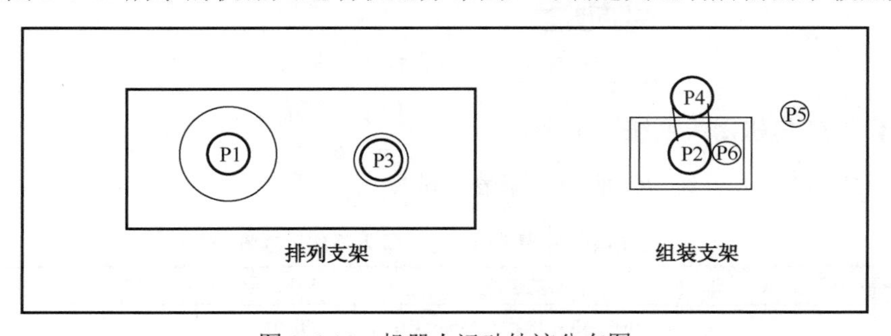

图 2-6-11　机器人运动轨迹分布图

表 2-6-3　机器人运动轨迹示教点

序　　号	点　序　号	注　　释	备　　注
1	Home	机器人初始位置	需示教
2	P1	排列支架上大工件位置	需示教
3	P2	组装支架上大工件位置	需示教
4	P3	排列支架上小工件位置	需示教
5	P4	组装支架上小工件位置	需示教
6	P5	组装支架上小工件水平过渡点	需示教
7	P6	组装支架上小工件水平位置	需示教

八、机器人程序的编写

根据机器人运动轨迹编写机器人程序时，首先根据控制要求绘制机器人程序流程图，然后编写机器人主程序和子程序。子程序主要包括机器人回定义原点子程序、机器人程序初始化子程序、大小工件装配子程序。编写子程序前要先设计好机器人的运动轨迹及定义好机器人的程序点。

1．设计机器人程序流程图

根据控制功能，设计机器人程序流程图如图 2-6-12 所示。

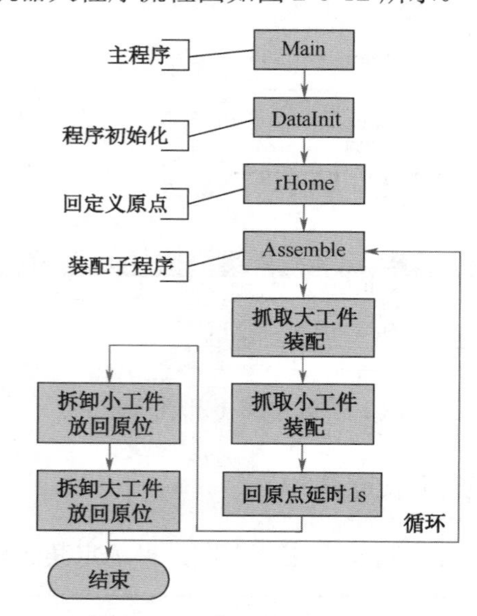

图 2-6-12　机器人程序流程图

2．配置 PLC 与机器人系统 I/O 地址

配置 PLC 与机器人系统 I/O 地址，见表 2-6-4。

表 2-6-4　配置 PLC 与机器人系统 I/O 地址

序号	机器人 I/O	PLC I/O	功能描述	外部信号	备注
1	DI10_1		IN01=ON 机器人 Motor On	IN01	钮子开关 SB1
2	DI10_2		IN02=ON Start Main	IN02	钮子开关 SB2

续表

3	DI10_3		IN03=ON 机器人 Start	IN03	钮子开关 SB3
4	DI10_5		IN05=ON 机器人 Motor Off	IN05	钮子开关 SB5
5	DI10_15		IN15=ON 机器人 Stop	IN15	门磁信号 S1
6	DO10_1	I0.0	OUT1=ON Motor State	OUT1	机器人工作中
7	DO10_9	I1.0	OUT9=ON PLC Q1.0=ON	OUT9	YV1（抓手松开电磁阀）动作
8	DO10_10	I1.1	OUT10=ON PLC Q1.1=ON	OUT10	YV2（抓手夹紧电磁阀）动作

3．系统输入/输出设定

参照前面任务所述的方法进行系统输入/输出的设定，在此不再赘述。

4．机器人程序设计

根据机器人程序流程图、轨迹图设计机器人程序。

（1）机器人主程序编写（仅供参考）

```
PROC Main()
    DataInit;                          !调用初始化子程序
    rHome;                             !调用回原点子程序
    WaitUntil DI10_3 = 1;              !钮子开关打开，机器人启动
    WHILE TRUE DO
        Assemble;                      !调用装配子程序
    ENDWHILE
ENDPROC
```

（2）机器人初始化子程序编写（仅供参考）

```
PROC DataInit()                        !初始化子程序
    Reset DO10_9;                      !关闭机器人输出第 9 个信号
    Reset DO10_10;                     !关闭机器人输出第 10 个信号
    AccSet 100,100;
    VelSet 100,5000;
ENDPROC
```

（3）机器人回原点子程序编写（仅供参考）

```
PROC rHome()                           !回原点子程序
    MoveJ Home,v100,z100,tool0;        !回到自定义安全点位置
ENDPROC
```

（4）机器人装配子程序编写（仅供参考）

```
PROC Assemble()                        !装配子程序
    WHILE TRUE DO                      !钮子开关打开时，机器人才运行后面的程序
    MoveJ Offs(p1,0,0,50),v100,fine ,tool0;   !排列支架上取大工件上方 50mm 位置
    Set DO10_9;                        !夹具松开
    Reset DO10_10;
    MoveL Offs(p1,0,0,0),v20,fine,tool0;      !排列支架上取大工件位置
    Set DO10_10;                       !夹具夹紧
```

```
Reset DO10_9;
WaitTime 0.5;                                    !延时 0.5s
    MoveL Offs(p1,0,0,50),v100,z60,tool0;        !排列支架上取大工件上方 50mm 位置
    MoveJ Offs(p2,0,0,50),v200,z60,tool0;        !排列支架上装配大工件上方 50mm 位置
    MoveL Offs(p2,0,0,0),v20,fine,tool0;         !排列支架上装配大工件位置
    Set DO10_9;                                  !夹具松开
    Reset DO10_10;
    WaitTime 0.5;
    MoveL Offs(p2,0,0,50),v100,z60,tool0;        !排列支架上装配大工件上方 50mm 位置
    MoveJ Offs(p3,0,0,50),v200,fine,tool0;       !排列支架上取小工件上方 50mm 位置
    MoveL Offs(p3,0,0,0),v20,fine,tool0;         !排列支架上取小工件位置
    Set DO10_10;                                 !夹具夹紧
    Reset DO10_9;
    WaitTime 0.5;                                !延时 0.5s
    MoveL Offs(p3,0,0,50),v100,z60,tool0;        !排列支架上取小工件上方 50mm 位置
    MoveJ Offs(p4,0,0,50),v200,z60,tool0;        !排列支架上装配小工件上方 50mm 位置
    MoveL Offs(p4,0,0,0),v20,fine,tool0;         !排列支架上装配小工件位置
    Set DO10_9;                                  !夹具松开
    Reset DO10_10;
    WaitTime 0.5;                                !延时 0.5s
    MoveL Offs(p4,0,0,50),v100,z60,tool0;        !排列支架上装配小工件上方 50mm 位置
    WaitTime 1.5;                                !延时 0.5s
    MoveL Offs(p4,0,0,0),v20,fine,tool0;         !排列支架上装配小工件位置
    Set DO10_10;                                 !夹具夹紧小工件
    Reset DO10_9;
    WaitTime 0.5;                                !延时 0.5s
    MoveL Offs(p4,0,0,50),v100,z60,tool0;        !将小工件搬运到上方 50mm 位置
    WaitTime 0.5;                                !延时 0.5s
    MoveJ Offs(p5,0,0,0),v200,z60,tool0;         !组装支架上小工件水平过渡点
    MoveJ Offs(p6,0,50,0),v100,z60,tool0;        !组装支架上小工件水平位置，Y方向偏移
    MoveL Offs(p6,0,0,0),v20,fine ,tool0;        !到达小工件水平位置，开始装配小工件
    Set DO10_9;                                  !夹具松开
    Reset DO10_10;
    WaitTime 0.5;                                !延时 0.5s
    MoveL Offs(p6,0,50,0),v100,z60,tool0;        !组装支架上小工件水平位置，Y方向偏移
    MoveJ Offs(p5,0,0,0),v100,z60,tool0;         !返回组装支架上小工件水平过渡点
    MoveJ Home,v100,z100,tool0;                  !回到原点位置
    WaitTime 1;                                  !等待 1s
    MoveJ Offs(p5,0,0,0),v200,z60,tool0;         !开始循环搬运装配
    MoveJ Offs(p6,0,50,0),v100,fine ,tool0;
```

```
            Set DO10_9;                              !夹具松开
            Reset DO10_10;
            MoveL Offs(p6,0,0,0),v20,fine ,tool0;    !到达小工件水平位置，开始装配小工件
            Set DO10_10;                             !夹具夹紧
            Reset DO10_9;
            WaitTime 0.5;                            !延时 0.5s
            MoveL Offs(p6,0,50,0),v100,z60,tool0;    !返回到小工件 Y 方向 50mm 位置
            MoveJ Offs(p5,0,0,0),v100,z60,tool0;     !返回组装支架小工件水平过渡点
            MoveJ Offs(p3,0,0,50),v200,z60,tool0;    !排列支架小工件上方 50mm 位置
            MoveL Offs(p3,0,0,0),v20,fine,tool0;     !到达排列支架小工件位置
            Set DO10_9;                              !夹具松开
            Reset DO10_10;
            WaitTime 0.5;                            !延时 0.5s
            MoveL Offs(p3,0,0,50),v100,z60,tool0;    !排列支架小工件上方 50mm 位置
            MoveJ Offs(p2,0,0,50),v200,fine ,tool0;  !大工件装配位置上方 50mm 处
            MoveL Offs(p2,0,0,0),v20,fine,tool0;     !大工件装配位置
            Set DO10_10;                             !夹具夹紧大工件
            Reset DO10_9;
            WaitTime 0.5;                            !延时 0.5s
            MoveL Offs(p2,0,0,50),v100,z60,tool0;    !大工件装配位置上方 50mm 处
            MoveJ Offs(p1,0,0,50),v200,z60,tool0;    !大工件取位置上方 50mm 处
            MoveL Offs(p1,0,0,0),v20,fine,tool0;     !大工件取位置
            Set DO10_9;                              !夹具松开，将大工件装配到取位置
            Reset DO10_10;
            WaitTime 0.5;                            !延时 0.5s
            MoveL Offs(p1,0,0,150),v100,z60,tool0;   !大工件取位置上方 50mm 处
            MoveJ Home,v100,z100,tool0;              !回到安全点
        ENDWHILE
    ENDPROC
```

5. 程序数据修改

（1）机器人程序位置点的修改

手动操纵机器人到所要修改点的位置，进入“程序数据”中的“robtarget”数据，选择所要修改的点，单击“编辑”→“修改位置”完成修改，如图 2-6-13 所示。

（2）同理，依次完成 P2、P3、P4、P5、P6 点的示教修改

（3）参考上面机器人程序，改用双吸盘夹具对大小工件进行装配及拆卸实训

6. 手动测试机器人自动运行

将机器人控制柜的钥匙旋钮置于左侧图标“”处，在示教器上单击“确定”按钮，允许机器人自动允许；单击“PP 移至 Main”，再单击“是”按钮，使 PP 指针移动到 Main 程序第一行；单击伺服开关“”，伺服开关灯亮。单击操作器上的按钮“”，机器人开

始自动运行，进行大小工件的搬运、装配，如此循环下去，只有按下“◉”按钮，机器人才停止运动。

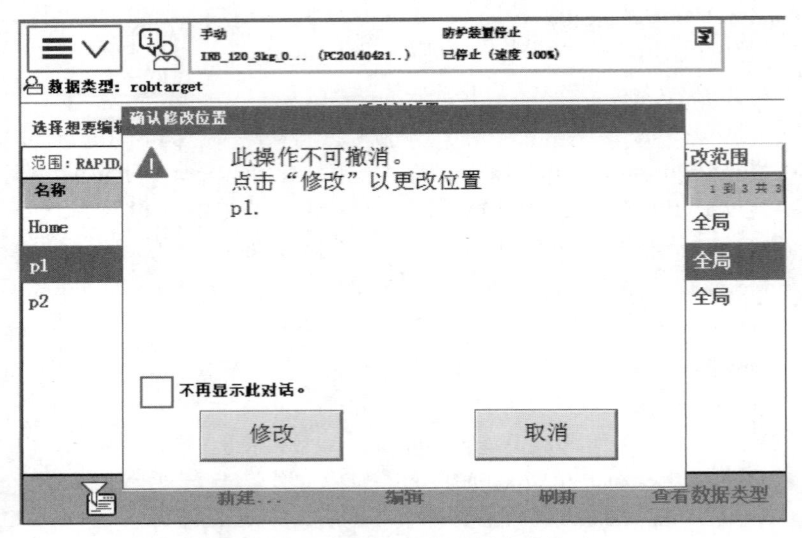

图 2-6-13　机器人程序位置点的修改

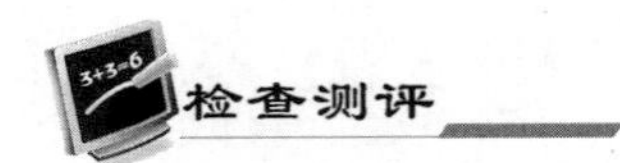

检查测评

对任务实施的完成情况进行检查，并将结果填入表 2-6-5 内。

表 2-6-5　任务测评表

序号	主要内容	考核要求	评分标准	配分	扣分	得分
1	机械安装	夹具与模块紧定牢紧，不缺少螺丝	1．夹具与模块安装位置不合适，扣 5 分 2．夹具或模块松动，扣 5 分 3．损坏夹具或模块，扣 10 分	10		
2	机器人程序设计与示教操作	I/O 配置完整，程序设计正确，机器人示教正确	1．操作机器人动作不规范，扣 5 分 2．机器人不能完成工件装配，每个轨迹扣 10 分 3．缺少 I/O 配置，每个扣 1 分 4．程序缺少输出信号设计，每个扣 1 分 5．工具坐标系定义错误或缺失，每个扣 5 分	70		
4	PLC 程序设计	PLC 程序正确；I/O 配置完整；PLC 程序完整	1．PLC 程序出错，扣 3 分 2．PLC 配置不完整，每个扣 1 分 3．PLC 程序缺失，视情况严重性扣 3～10 分	10		
5	安全文明生产	劳动保护用品穿戴整齐；遵守操作规程；讲文明礼貌；操作结束要清理现场	1．操作中，违反安全文明生产考核要求的任何一项扣 5 分，扣完为止 2．当发现学生有重大事故隐患时，要立即予以制止，并每次扣安全文明生产分 5 分 3.穿戴不整洁，扣 2 分；设备不还原，扣 5 分；现场不清理，扣 5 分	10		
合　计						
开始时间：			结束时间：			

任务 7　工业机器人车窗涂胶单元的编程与操作

学习目标

◇ 知识目标

1. 掌握 6 轴工业机器人偏移 Offs 指令的编程与示教。
2. 掌握车窗涂胶单元的机器人程序编写。
3. 掌握工业机器人点对点搬运路径的设计方法。
4. 掌握工业机器人车窗涂胶路径的设计方法。

◇ 能力目标

1. 能够完成车窗涂胶模块及双吸盘夹具的安装。
2. 能够完成车窗涂胶单元的机器人程序编写。
3. 能够完成车窗涂胶单元 PLC 程序的编写。

工作任务

如图 2-7-1 所示是一个工业机器人车窗涂胶装配单元模型工作站，其车窗涂胶装配模型结构示意图如图 2-7-2 所示。本任务采用示教编程方法，操作机器人实现零件码垛单元的示教。

具体控制要求如下：

1．将电气控制板面板“启动”钮子开关 SB1 置于“ON”，设备给出“启动”信号后，机器人伺服上电；再将钮子开关 SB1 置于“OFF”；之后将钮子开关 SB2 置于“ON”，机器人进入主程序，再将 SB2 置于“OFF”，“运行”指示灯绿灯亮；系统进入等待状态后，将钮子开关 SB3 置于“ON”，机器人开始车窗涂胶装配，然后再拆窗搬运，依次循环。

2．将电气控制板面板“停止”钮子开关 SB5 置于“ON”，设备给出“停止”信号，再将 SB5 置于“OFF”，“停止”指示灯红灯亮，系统进入停止状态，所有气动机构均保持状态不变。

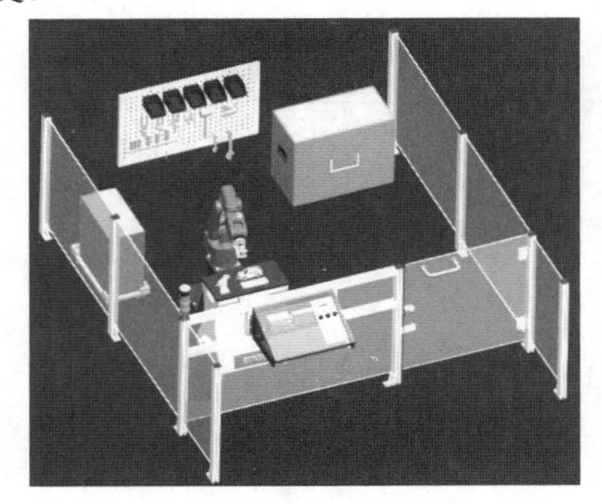

图 2-7-1　工业机器人车窗涂胶装配单元模型工作站

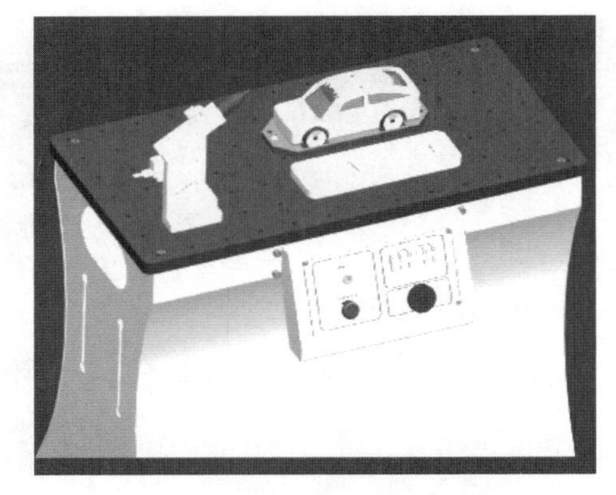

图 2-7-2　车窗涂胶装配模型结构示意图

相关知识

一、工业机器人车窗涂胶装配模型工作站

在工业机器人工件装配模型工作站中，机器人通过吸盘夹具拾取前窗、后窗两种不同部位的车窗，进行涂胶，然后装配到汽车模型车窗安装位置，模拟机器人车窗涂胶装配工作。其主要由 6 轴工业机器人、车窗涂胶装配模型、模型实训平台等组成，如图 2-7-3 所示。

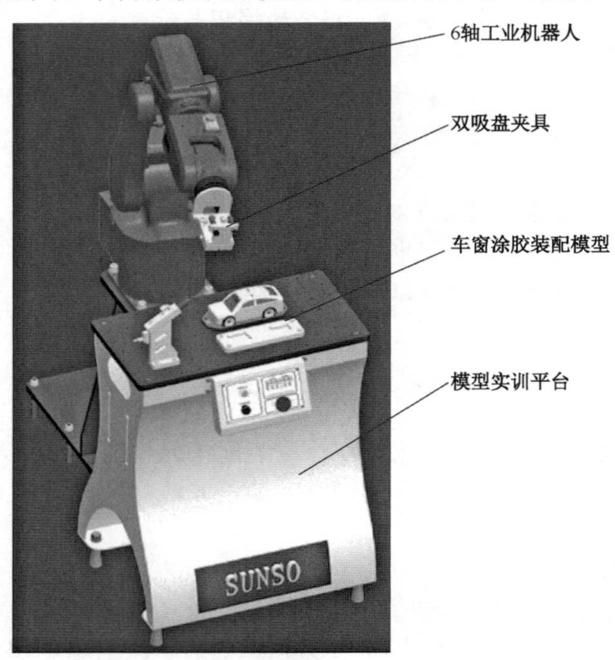

图 2-7-3　工业机器人车窗涂胶装配模型工作站的组成

1．工业机器人的系统组成

本工作站所采用的是一款额定负载为 3kg，小型 6 自由度的 IRB 型工业机器人。它由机器人本体、控制器、示教器和连接电缆组成，如图 2-7-4 所示。

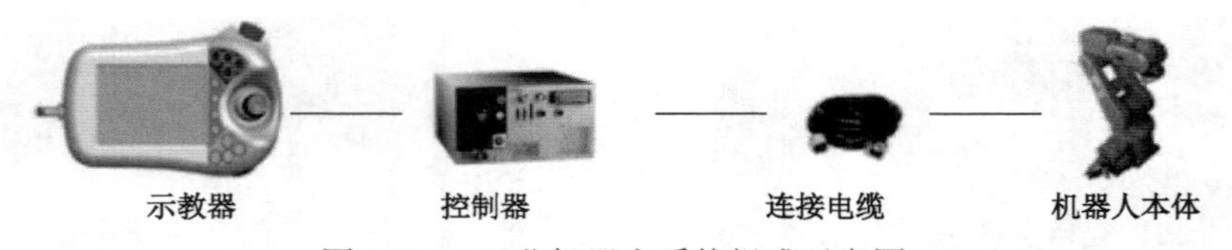

图 2-7-4　工业机器人系统组成示意图

2．车窗涂胶模型

车窗涂胶模型结构示意图如图 2-7-5 所示。其主要部件组成见表 2-7-1。

图 2-7-5　车窗涂胶模型结构示意图

表 2-7-1　车窗涂胶模型组成部件

序　号	名　称	序　号	名　称	序　号	名　称	序　号	名　称	序　号	名　称
1	涂胶枪	2	后窗	3	模型实训平台	4	前窗	5	汽车模型

二、中断程序

在程序执行过程中，如果发生需要紧急处理的情况，这时就要中断当前程序的执行，马上跳到专门的程序中对紧急情况进行处理，处理结束后返回中断的地方继续往下执行程序。专门用来处理紧急情况的程序称作中断程序（TRAP）。例如：

```
VAR intnum intno1;                      !定义中断数据 intno1
    IDelete intno1;                     !取消当前中断符 intno1 的连接，预防误触发
    CONNECT intno1 WITH tTrap;          !将中断符与中断程序 tTrap 连接
    ISigna1DI Dil,1, intno1;            !定义触发条件，即当数字输入信号 Dil 为 1 时，触发该中断程序
    TRAP tTrap
    Reg1:=reg1+1;
ENDTRAP
```

不需要在程序中对该中断程序进行调用，定义触发条件的语句一般放在初始化程序中，当程序启动运行完该定义触发条件的指令一次后，则进入中断监控。当数字输入信号 Dil 为 1 时，则机器人立即执行 tTrap 中的程序，运行完成之后，指针返回触发该中断的程序位置继续往下执行。

【提示】若在 ISigna1DI 后面加上可选参变量\Single，则该中断只会在 Dil 信号第一次置 1 时触发相应的中断程序，后续则不再继续触发。

三、复杂程序数据赋值

多数类型的程序数据均是组合型数据，即里面包含了多项数值或字符串。可以对其中的任何一项参数进行赋值。

常见的目标点数据：

```
PERS robtarget
p10:=[[0,0,0],[1,0,0,0],[0,0,0,0],[9E9, 9E9, 9E9, 9E9, 9E9, 9E9]];
PERS robtarget
p20:=[[100,0,0],[ 0,0, 1,0],[1,0,1,0],[9E9, 9E9, 9E9, 9E9, 9E9, 9E9]];
```

目标点数据里面包含了四组数据，从前往后依次为 TCP 位置数据[100,0,0]（trans）、TCP

状态数据[0,0, 1,0]（rot）、轴配置数据[1,0,1,0]（robconf）和外部轴数据（extax），可以分别对该数据的各项数值进行操作，如：

```
p10.trans.x:=p20. trans.x+50;
p10.trans.y:=p20. trans.y-50;
p10.trans.z:=p20. trans.z+100;
p10.rot:=p20. rot;
p10. robconf:=p20. robconf;
```

赋值后 p10 为

```
PERS robtarget
p10:=[[150,-50,100],[0,0,1,0],[1,0,1,0],[9E9, 9E9, 9E9, 9E9, 9E9, 9E9]];
```

【提示】关于程序数据结构可参考设备随机光盘手册中关于程序数据介绍的内容，然后根据其中的内容对该数据中的某一项数值单独进行处理。

任务实施

一、任务准备

实施本任务教学所使用的实训设备及工具材料可参考表 2-7-2。

表 2-7-2　实训设备及工具材料

序　号	分　类	名　称	型号规格	数　量	单　位	备　注
1	工具	内六角扳手	3.0mm	1	个	工具墙
2		内六角扳手	4.0mm	1	个	工具墙
3	设备器材	内六角螺丝	M4	4	颗	工具墙蓝色盒
4		内六角螺丝	M5	10	颗	工具墙黄色盒
5		双吸盘夹具		1	个	物料间领料
6		车窗涂胶模块		1	个	物料间领料
7		涂胶注射器		1	套	物料间领料

二、车窗涂胶装配模型与夹具的安装

1．车窗涂胶装配模型的安装

（1）用螺丝将三个铝制组件固定在模型实训平台合适位置，如图 2-7-6 所示。

（2）用ϕ6 气管把涂胶机构气源接入口与面板气源输出口连接，并调节打开气源调节阀至气压合适；再把涂胶电磁阀控制线（红色与黑色）接入面板电磁阀按压端子接口，连接方式参考检测排列模型传感器的方法；面板接口布局如图 2-7-7 所示。

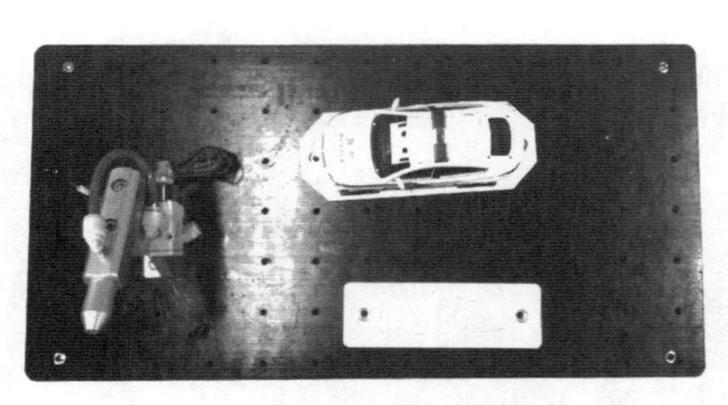

图 2-7-6　车窗涂胶装配模型的安装

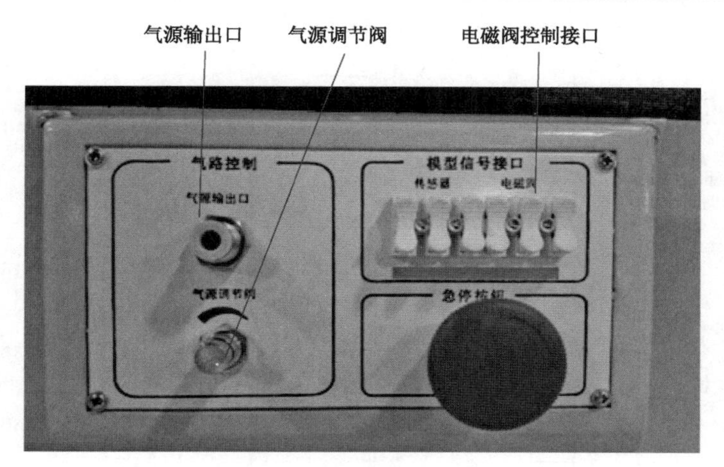

图 2-7-7　面板接口布局

2. 夹具的安装

车窗玻璃安装采用双吸盘夹具，安装方式与前面任务介绍方法相同，在此不再赘述。

三、设计控制原理方框图

根据控制要求，设计控制原理方框图如图 2-7-8 所示。

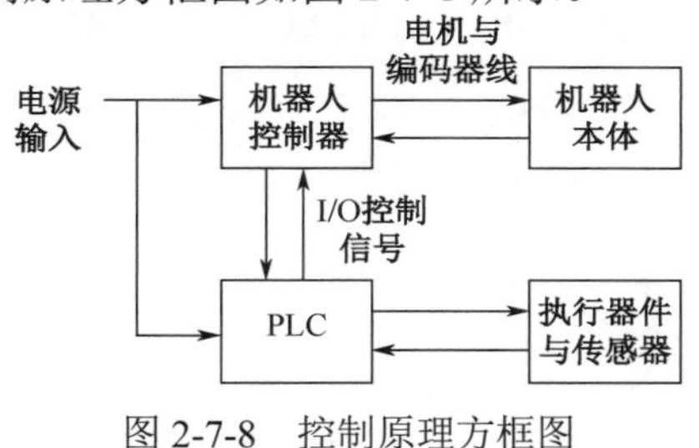

图 2-7-8　控制原理方框图

四、设计 PLC 的 I/O 控制原理图

根据任务要求，可设计出 PLC 的 I/O 控制原理图如图 2-7-9 所示。图中的 Q1.0（对应 OUT9）是双吸盘夹具上吸盘 1 的控制 YV1 电磁阀信号，Q1.1（对应 OUT10）是双吸盘夹具上吸盘 2 的控制 YV2 电磁阀信号；Q1.6（对应 OUT15）是涂胶模型上涂胶机控制 YV11 电磁阀信号。

五、线路安装

根据图 2-7-9 所示的 I/O 控制原理图，完成 6 轴机器人单元的安装与接线。

六、6 轴机器人单元的 PLC 程序设计

根据任务要求，参照图 2-7-9 所示的 I/O 控制原理图，设计的 PLC 梯形图程序如图 2-7-10 所示。

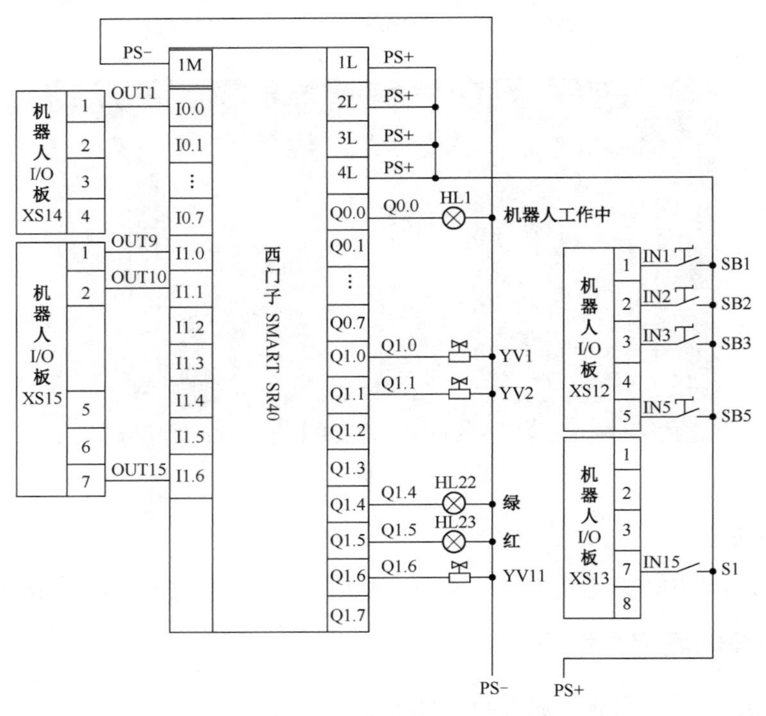

图 2-7-9　PLC 的 I/O 控制原理图

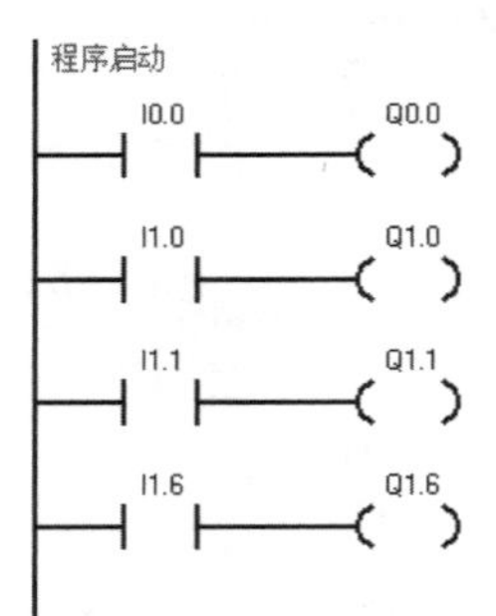

符号	地址	注释
CPU_输出0	Q0.0	机器人工作中
CPU_输出14	Q1.6	YV11涂胶电磁阀
CPU_输出8	Q1.0	YV1电磁阀驱动信号
CPU_输出9	Q1.1	YV2电磁阀驱动信号
CPU_输入0	I0.0	机器人上电
CPU_输入14	I1.6	涂胶信号
CPU_输入8	I1.0	机器人驱动YV1电磁阀信号
CPU_输入9	I1.1	机器人驱动YV2电磁阀信号

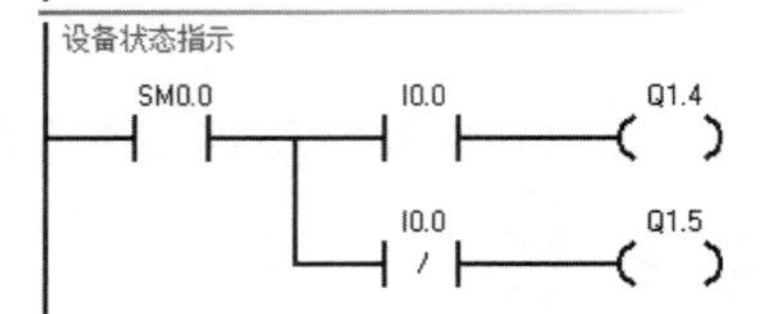

符号	地址	注释
Always_On	SM0.0	始终接通
CPU_输出12	Q1.4	运行指示灯
CPU_输出13	Q1.5	停止指示灯
CPU_输入0	I0.0	机器人上电

图 2-7-10　PLC 梯形图程序

七、确定机器人运动所需示教点

根据如图 2-7-11 所示的机器人的运动轨迹分布图，可确定其运动所需的示教点见表 2-7-3。

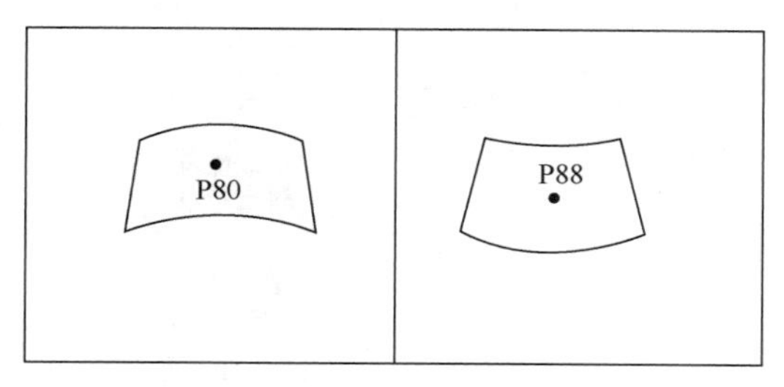

(a) 车窗取料点

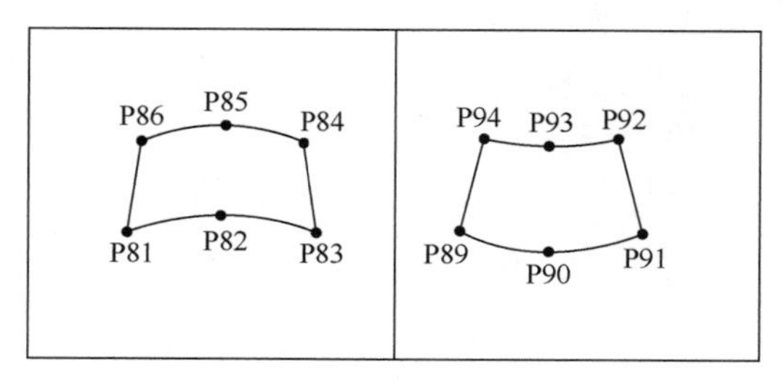

(b) 车窗涂胶点

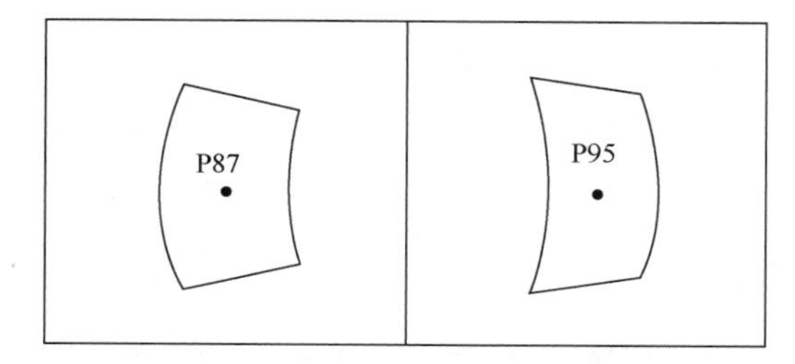

(c) 车窗装配点

图 2-7-11　车窗涂胶装配点位分布图（机器人的运动轨迹分布图）

表 2-7-3　机器人运动轨迹示教点

序　号	点 序 号	注　释	备　注
1	Home	机器人初始点	需示教
2	P80	前窗放置点	需示教
3	P81～P86	前窗涂胶点	需示教
4	P102	前窗涂胶点过渡点	需示教
5	P87	前窗装配点	需示教
6	P88	后窗放置点	需示教
7	P89～P94	后窗涂胶点	需示教
8	P103	后窗涂胶点过渡点	需示教
9	P95	后窗装配点	需示教

八、机器人程序的编写

根据机器人运动轨迹编写机器人程序时，首先根据控制要求绘制机器人程序流程图，然后编写机器人主程序和子程序。子程序主要包括机器人回定义原点子程序，机器人程序初始化子程序，前窗涂胶、装配子程序；后窗涂胶、装配子程序。编写子程序前要先设计好机器人的运动轨迹及定义好机器人的程序点。

1．设计机器人程序流程图

根据控制功能，设计机器人程序流程图，如图 2-7-12 所示。

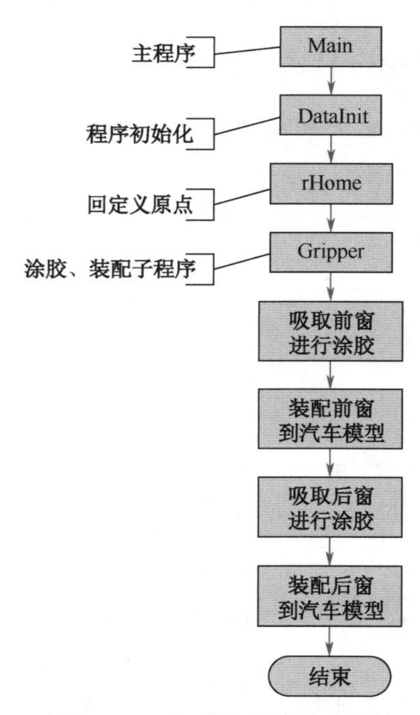

图 2-7-12　机器人程序流程图

2．配置 PLC 与机器人系统 I/O 地址

配置 PLC 与机器人系统 I/O 地址，见表 2-7-4。

表 2-7-4　配置 PLC 与机器人系统 I/O 地址

序号	机器人 I/O	PLC I/O	功能描述	外部信号	备注
1	DI10_1		IN01=ON 机器人 Motor On	IN01	钮子开关 SB1
2	DI10_2		IN02=ON Start Main	IN02	钮子开关 SB2
3	DI10_3		IN03=ON 机器人 Start	IN03	钮子开关 SB3
4	DI10_5		IN05=ON 机器人 Motor Off	IN05	钮子开关 SB5
5	DI10_15		IN15=ON 机器人 Stop	IN15	门磁信号 S1
6	DO10_1	I0.0	OUT1=ON Motor State	OUT1	机器人工作中
7	DO10_9	I1.0	OUT9=ON PLC Q1.0=ON	OUT9	YV1（吸盘 1 电磁阀）动作
8	DO10_10	I1.1	OUT10=ON PLC Q1.1=ON	OUT10	YV2（吸盘 2 电磁阀）动作
9	DO10_15	I1.6	OUT15=ON PLC Q1.6=ON	OUT15	YV11（涂胶电磁阀）动作

3．系统输入/输出设定

参照前面任务所述的方法进行系统输入/输出的设定，在此不再赘述。

4．机器人程序设计

根据机器人程序流程图、轨迹图设计机器人程序。

（1）机器人主程序编写（仅供参考）

```
PROC Main()
    DataInit;                                    !调用初始化子程序
    rHome;                                       !调用回原点子程序
```

```
        WaitUntil DI10_3 = 1;                          !钮子开关打开，机器人启动
        WHILE TRUE DO
            Gripper;                                   !调用前后窗涂胶、装配子程序
        ENDWHILE
    ENDPROC
```

（2）机器人初始化子程序编写（仅供参考）

```
    PROC DataInit()                                    !初始化子程序
        Reset DO10_9;                                  !关闭吸盘 A
        Reset DO10_10;                                 !关闭吸盘 B
        AccSet 100,100;                                !定义机器人的加速度
        VelSet 100,5000;                               !设定最大速度与倍率
    ENDPROC
```

（3）机器人回原点子程序编写（仅供参考）

```
    PROC rHome()                                       !回原点子程序
        MoveJ Home,v100,z100,tool0;                    !安全点位置，即机器人初始位置
    ENDPROC
```

（4）机器人车窗涂胶、装配子程序编写（仅供参考）

```
    PROC Gripper()                                     !前后窗涂胶、装配子程序
        WHILE TRUE DO
            MoveJ Offs(p80,0,0,50),v200,z60,tool0;     !前窗放置点向上偏移 50mm
            MoveL Offs(p80,0,0,0),v20,fine,tool0;      !前窗放置点
            Set DO10_9;                                !打开吸盘 A，吸取前窗
            Set DO10_10;                               !打开吸盘 B，吸取前窗
            WaitTime 0.5;                              !延时 0.5s
            MoveL Offs(p80,0,0,100),v100,z60,tool0;    !前窗放置点位置向上偏移 100mm
            MoveJ Offs(p102,0,0,0),v100,z60,tool0;     !前窗涂胶过渡点位置
            MoveJ Offs(p81,-50,0,0),v100,z60,tool0;    !前窗涂胶点第 1 个点位置向 X 方向偏移
            MoveL Offs(p81,0,0,0),v80,fine,tool0;      !到达前窗涂胶点第 1 个点位置
            SET DO10_15;                               !打开胶枪，开始涂胶
            WaitTime 0.5;                              !延时 0.5s
            MoveJ Offs(p82,0,0,0),v150,z60,tool0;      !前窗涂胶点第 2 个点位置
            MoveJ Offs(p83,0,0,0),v150,z60,tool0;      !前窗涂胶点第 3 个点位置
            MoveJ Offs(p84,0,0,0),v150,z60,tool0;      !前窗涂胶点第 4 个点位置
            MoveJ Offs(p85,0,0,0),v150,z60,tool0;      !前窗涂胶点第 5 个点位置
            MoveJ Offs(p86,0,0,0),v150,z60,tool0;      !前窗涂胶点第 6 个点位置
            MoveJ Offs(p81,0,0,0),v150,fine,tool0;     !前窗涂胶涂了一圈，回到第 1 点位置
            RESET DO10_15;                             !前窗涂胶完成，关闭胶枪
            WaitTime 0.5;                              !等待 0.5s
            MoveL Offs(p81,-100,0,0),v200,z60,tool0;   !前窗涂胶点第 1 个点位置向 X 方向偏移
            MoveJ Offs(p87,0,0,50),v200,z60,tool0;     !到达前窗装配点位置向上偏移 50mm
```

```
MoveL Offs(p87,0,0,0),v20,fine,tool0;        !到达前窗装配点位置
Reset DO10_9;                                !关闭吸盘A，装配前窗
Reset DO10_10;                               !关闭吸盘B，装配前窗
WaitTime 0.5;                                !等待0.5s
MoveL Offs(p87,0,0,100),v200,fine,tool0;     !前窗装配点位置向上偏移100mm
MoveJ Offs(p88,0,0,50),v200,z60,tool0;       !后窗放置点位置向上偏移50mm
MoveL Offs(p88,0,0,0),v20,fine,tool0;        !到达后窗放置点位置
Set DO10_9;                                  !打开吸盘A，吸取后窗
Set DO10_10;                                 !打开吸盘B，吸取后窗
WaitTime 0.5;                                !等待0.5s
MoveL Offs(p88,0,0,100),v100,z60,tool0;      !后窗放置点位置向上偏移100mm
MoveJ Offs(p103,0,0,0),v100,z60,tool0;       !后窗涂胶过渡点位置
MoveJ Offs(p89,-50,0,0),v100,z60,tool0;      !后窗涂胶点第1个点位置向X方向偏移
MoveL Offs(p89,0,0,0),v80,fine,tool0;        !到达后窗涂胶点第1个点位置
Set DO10_15;                                 !打开胶枪，开始涂胶
WaitTime 0.5;                                !延时0.5s
MoveJ Offs(p90,0,0,0),v150,z60,tool0;        !后窗涂胶点第2个点位置
MoveJ Offs(p91,0,0,0),v150,z60,tool0;        !后窗涂胶点第3个点位置
MoveJ Offs(p92,0,0,0),v150,z60,tool0;        !后窗涂胶点第4个点位置
MoveJ Offs(p93,0,0,0),v150,z60,tool0;        !后窗涂胶点第5个点位置
MoveJ Offs(p94,0,0,0),v150,z60,tool0;        !后窗涂胶点第6个点位置
MoveJ Offs(p89,0,0,0),v150,z60,tool0;        !后窗涂胶涂了一圈，回到第1点位置
Reset DO10_15;                               !后窗涂胶完成，关闭胶枪
WaitTime 0.5;                                !等待0.5s
MoveL Offs(p89,-100,0,0),v200,z60,tool0;     !后窗涂胶点第1个点位置向X方向偏移
MoveJ Offs(p95,0,0,50),v200,z60,tool0;       !到达后窗装配点位置向上偏移50mm
MoveL Offs(p95,0,0,0),v20,fine,tool0;        !到达后窗装配点位置
Reset DO10_9;                                !关闭吸盘A，装配后窗
Reset DO10_10;                               !关闭吸盘B，装配后窗
WaitTime 0.5;                                !等待0.5s
MoveL Offs(p95,0,0,80),v200,fine,tool0;      !在后窗装配点位置向上偏移80mm
MoveJ Home,v100,z200,tool0;                  !回到机器人初始位置
WaitTime 1.5;                                !等待1.5s
!开始从汽车模型上取前窗放回到前窗放置位置
MoveJ Offs(p87,0,0,50),v200,z60,tool0;       !前窗装配点位置向上偏移50mm
MoveL Offs(p87,0,0,0),v20,fine,tool0;        !前窗装配点位置
Set DO10_9;                                  !打开吸盘A，吸取前窗
Set DO10_10;                                 !打开吸盘B，吸取前窗
WaitTime 0.5;                                !等待0.5s
MoveL Offs(p87,0,0,80),v100,z60,tool0;       !前窗装配点位置向上偏移80mm
```

```
        MoveJ Offs(p80,0,0,50),v200,z60,tool0;      !前窗放置点位置向上偏移 50mm
        MoveL Offs(p80,0,0,0),v20,fine,tool0;       !前窗放置点位置
        Reset DO10_9;                               !关闭吸盘 A，放置前窗
        Reset DO10_10;                              !关闭吸盘 B，放置前窗
        WaitTime 0.5;                               !延时 0.5s，使吸盘里的真空放完
        MoveL Offs(p80,0,0,50),v200,z60,tool0;      !后窗装配位置向上偏移 50mm
        !开始从汽车模型上取后窗放回到后窗放置位置
        MoveJ Offs(p95,0,0,50),v200,z60,tool0;      !后窗装配点位置向上偏移 50mm
        MoveL Offs(p95,0,0,0),v20,fine,tool0;       !后窗装配点位置
        Set DO10_9;                                 !打开吸盘 A，吸取后窗
        Set DO10_10;                                !打开吸盘 B，吸取后窗
        WaitTime 0.5;                               !延时 0.5s，使吸盘完全吸紧后窗
        MoveL Offs(p95,0,0,80),v100,z60,tool0;      !后窗装配点位置向上偏移 80mm
        MoveJ Offs(p88,0,0,50),v200,z60,tool0;      !后窗放置点位置向上偏移 50mm
        MoveL Offs(p88,0,0,0),v20,fine,tool0;       !后窗放置点位置
        Reset DO10_9;                               !关闭吸盘 A，放置后窗
        Reset DO10_10;                              !关闭吸盘 B，放置后窗
        WaitTime 0.5;                               !延时 0.5s
        MoveL Offs(p88,0,0,50),v200,z60,tool0;      !后窗放置点位置向上偏移 50mm
        MoveJ Home,v100,z200,tool0;                 !回到机器人初始位置等待
        WaitTime 1.5;                               !等待 1.5s
    ENDWHILE
ENDPROC
```

5．程序数据修改

（1）机器人程序位置点的修改

手动操纵机器人到所要修改点的位置，进入“程序数据”中的“robtarget”数据，选择所要修改的点，单击“编辑”→“修改位置”完成修改，如图 2-7-13 所示。

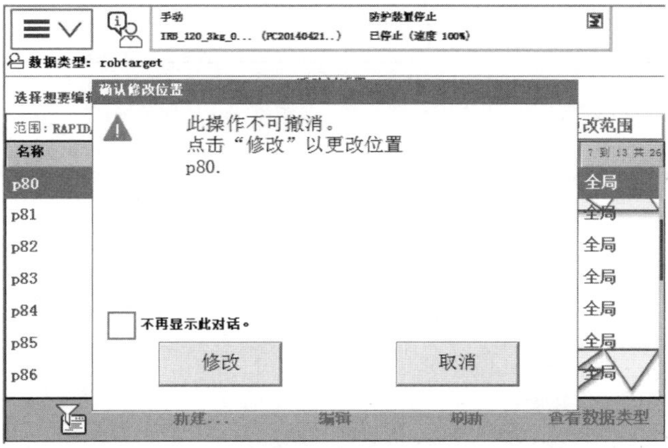

图 2-7-13　机器人程序位置点的修改

（2）同理，依次完成其他点的示教修改

6．手动测试机器人自动运行

将机器人控制柜的钥匙旋钮置于左侧图标“”处，在示教器上单击“确定”按钮，允许机器人自动允许；单击“PP 移至 main”，再单击“是”按钮，使 PP 指针移动到 main 程序第一行；单击伺服开关“”，伺服开关灯亮。单击操作器上的“”按钮，机器人开始自动运行，进行车窗涂胶，只有按下“”按钮，机器人才停止运行。

对任务实施的完成情况进行检查，并将结果填入表 2-7-5 内。

表 2-7-5　任务测评表

序号	主要内容	考核要求	评分标准	配分	扣分	得分
1	机械安装	夹具与模块紧定牢紧，不缺少螺丝	1．夹具与模块安装位置不合适，扣 5 分 2．夹具或模块松动，扣 5 分 3．损坏夹具或模块，扣 10 分	10		
2	机器人程序设计与示教操作	I/O 配置完整，程序设计正确，机器人示教正确	1．操作机器人动作不规范，扣 5 分 2．机器人不能完成涂装，每个轨迹扣 10 分 3．缺少 I/O 配置，每个扣 1 分 4．程序缺少输出信号设计，每个扣 1 分 5．工具坐标系定义错误或缺失，每个扣 5 分	70		
4	PLC 程序设计	PLC 程序正确；I/O 配置完整；PLC 程序完整	1．PLC 程序出错，扣 3 分 2．PLC 配置不完整，每个扣 1 分 3．PLC 程序缺失，视情况严重性扣 3～10 分	10		
5	安全文明生产	劳动保护用品穿戴整齐；遵守操作规程；讲文明礼貌；操作结束要清理现场	1．操作中，违反安全文明生产考核要求的任何一项扣 5 分，扣完为止 2．当发现学生有重大事故隐患时，要立即予以制止，并每次扣安全文明生产分 5 分 3．穿戴不整洁，扣 2 分；设备不还原，扣 5 分；现场不清理，扣 5 分	10		
合　计						
开始时间：			结束时间：			

附录 ABB 机器人实际应用中的指令说明

ABB 机器人提供了丰富的 RAPID 程序指令，方便了大家对程序的编制，同时也为复杂应用的实现提供了可能。以下就按照 RAPID 程序指令、功能的用途进行分类，并对每个指令的功能做出说明，如需对指令的使用与参数进行详细的了解，可以查看 ABB 机器人随机光盘说明书中的详细说明。

一、程序执行的控制

1. 程序的调用

指　令	说　明
ProcCall	调用例行程序
CallByVar	通过带变量的例行程序名称调用例行程序
RETURN	返回原例行程序

2. 例行程序内的逻辑控制

指　令	说　明
Compact IF	如果条件满足，就执行一条指令
IF	当满足不同的条件时，执行对应的程序
FOR	根据指定的次数，重复执行对应的程序
WHILE	如果条件满足，重复执行对应的程序
TEST	对一个变量进行判断，从而执行不同的程序
GOTO	跳转到例行程序内标签的位置
Label	跳转标签

3. 停止程序执行

指　令	说　明
Stop	停止程序执行
EXIT	停止程序执行并禁止在停止处再开始
Break	临时停止程序的执行，用于手动调试
ExitCycle	中止当前程序的运行并将程序指针 PP 复位到主程序的第一条指令，如果选择了程序连续运行模式，程序将从主程序的第一句重新执行

二、变量指令

变量指令主要用于以下方面。

（1）对数据进行赋值。

（2）等待指令。

（3）注释指令。

（4）程序模块控制指令。

1. 赋值指令

指　令	说　明
:=	对程序数据进行赋值

2. 等待指令

指　令	说　明
WaitTime	等待一个指定的时间程序再往下执行
WaitUntil	等待一个条件满足后程序继续往下执行
WaitDI	等待一个输入信号状态为设定值
WaitDO	等待一个输出信号状态为设定值

3. 程序注释

指　令	说　明
comment	对程序进行注释

4. 程序模块加载

指　令	说　明
Load	从机器人硬盘加载一个程序模块到运行内存
UnLoad	从运行内存中卸载一个程序模块
StartLoad	在程序执行的过程中，加载一个程序模块到运行内存中
WaitLoad	当 StartLoad 使用后，使用此指令将程序模块连接到任务中
CancelLoad	取消加载程序模块
CheckProgRef	检查程序引用
Save	保存程序模块
EraseModule	从运行内存删除程序模块

5. 变量功能

指　令	说　明
TryInt	判断数据是否是有效的整数
OpMode	读取当前机器人的操作模式
RunMode	读取当前机器人程序的运行模式
NonMotionMode	读取程序任务当前是否是无运动的执行模式
Dim	获取一个数组的维数
Present	读取带参数例行程序的可选参数值
IsPers	判断一个参数是不是可变量
IsVar	判断一个参数是不是变量

6. 转换功能

指　令	说　明
StrToByte	将字符串转换为指定格式的字节数据
ByteToStr	将字节数据转换成字符串

三、运动设定

1. 速度设定

指　　令	说　　明
MaxRobspeed	获取当前型号机器人可实现的最大 TCP 速度
VelSet	设定最大的速度与倍率
SpeedRefresh	更新当前运动的速度倍率
Accset	定义机器人的加速度
WorldAccLim	设定直角坐标系中工具与载荷的加速度
PathAccLim	设定运动路径中 TCP 的加速度

2. 轴配置管理

指　　令	说　　明
ConfJ	关节运动的轴配置控制
ConfL	线性运动的轴配置控制

3. 奇异点管理

指　　令	说　　明
SingArea	设定机器人运动时，在奇异点的插补方式

4. 位置偏置功能

指　　令	说　　明
PDispOn	激活位置偏置
PDispSet	激活指定数值的位置偏置
PDispOff	关闭位置位置偏置
EOffsOn	激活外轴偏置
EOffsSet	激活指定数值的外轴偏置
EOffsOff	关闭外轴位置偏置
DefDFrame	通过 3 个位置数据计算出位置的偏置
DefFrame	通过 6 个位置数据计算出位置的偏置
ORobT	从一个位置数据删除位置偏置
DefAccFrame	从原始位置和替换位置定义一个框架

5. 软伺服功能

指　　令	说　　明
SoftAct	激活一个或多个轴的软伺服功能
SoftDeact	关闭软伺服功能

6. 机器人参数调整功能

指　　令	说　　明
TuneServo	伺服调整
TuneReset	伺服调整复位
PathResol	几何路径精度调整
CirPathMode	在圆弧插补运动时，工具姿态的变换方式

7. 空间监控管理

指　　令	说　　明
WZBoxDef	定义一个方形的监控空间
WCZylDef	定义一个圆柱形的监控空间
WZSphDef	定义一个球形的监控空间
WZHomeJointDef	定义一个关节轴坐标的监控空间
WZLimJointDef	定义一个限定为不可进入的关节轴坐标监控空间
WZLimSup	激活一个监控空间并限定为不可进入
WZDOSet	激活一个监控空间并与一个输出信号并联
WZEnable	激活一个临时的监控空间
WZFree	关闭一个临时的监控空间

注：这些功能需要选项“World zones”配合。

四、运动控制

1. 机器人运动控制

指　　令	说　　明
MoveC	TCP 圆弧运动
MoveJ	关节运动
MoveL	TCP 线性运动
MoveAbsJ	轴绝对角度位置运动
MoveExtJ	外部直线轴和旋转轴运动
MoveCDO	TCP 圆弧运动的同时触发一个输出信号
MoveJDO	关节运动的同时触发一个输出信号
MoveLDO	TCP 线性运动的同时触发一个输出信号
MoveCSync	TCP 圆弧运动的同时执行一个例行程序
MoveJSync	关节运动的同时执行一个例行程序
MoveLSync	TCP 线性运动的同时执行一个例行程序

2. 搜索功能

指　　令	说　　明
SearchC	TCP 圆弧搜索运动
ScarchL	TCP 线性搜索运动
SearchExtJ	外轴搜索运动

3. 指定位置触发信号与中断功能

指　　令	说　　明
TriggIO	定义触发条件在一个指定的位置触发输出信号
TriggInt	定义触发条件在一个指定的位置触发中断程序
TriggCheckIO	定义一个指定的位置进行 I/O 状态的检查
TriggEquip	定义触发条件在一个指定的位置触发输出信号，并对信号响应的延迟进行补偿设定
TriggRampAO	定义触发条件在一个指定的位置触发模拟输出信号，并对信号响应的延迟进行补偿设定

续表

指　　令	说　　明
TriggC	带触发事件的圆弧运动
TriggJ	带触发事件的关节运动
TriggL	带触发事件的线性运动
TriggLIOs	在一个指定的位置触发输出信号的线性运动
StepBwdPath	在 RESTART 的事件程序中进行路径的返回
TriggStopProc	在系统中创建一个监控处理，用于在 STOP 和 QSTOP 中需要信号复位和程序数据复位的操作
TriggSpeed	定义模拟输出信号与实际 TCP 速度之间的配合

4. 出错或中断时的运动控制

指　　令	说　　明
StopMove	停止机器人运动
StartMove	重新启动机器人运动
StartMoveRetry	重新启动机器人运动及相关的参数设定
StopMoveReset	对停止运动状态复位，但不重新启动机器人运动
StorePath①	存储已生成的最近路径
RestoPath①	重新生成之前存储的路径
ClearPath	在当前的运动路径级别中，清空整个运动路径
PathLevel	获取当前路径级别
SyncMoveSuspend①	在 StorePath 的路径级别中暂停同步坐标的运动
SyncMoveResume①	在 StorePath 的路径级别中重返同步坐标的运动
IsStopMoveAct	获取当前停止运动标志符

注：①这些功能需要选项“Path recovery”配合。

5. 外轴控制

指　　令	说　　明
DeactUnit	关闭一个外轴单元
ActUnit	激活一个外轴单元
MechUnitLoad	定义外轴单元的有效载荷
GetNextMechUnit	检索外轴单元在机器人系统中的名字
IsMechUnitActive	检查外轴单元状态是激活还是关闭

6. 独立轴控制

指　　令	说　　明
IndAMove	将一个轴设定为独立轴模式并进行绝对位置方式运动
IndCMove	将一个轴设定为独立轴模式并进行连续方式运动
IndDMove	将一个轴设定为独立轴模式并进行角度方式运动
IndRMove	将一个轴设定为独立轴模式并进行相对位置方式运动
IndReset	取消独立轴模式
Indlnpos	检查独立轴是否已达到指定位置
Indspeed	检查独立轴是否已达到指定的速度

注：这些功能需要选项“Independent movement”配合。

7．路径修正功能

指　令	说　明
CorrCon	连接一个路径修正生成器
Corrwrite	将路径坐标系统中的修正值写到修正生成器中
CorrDiscon	断开一个已连接的路径修正生成器
CorrClear	取消所有已连接的路径修正生成器
CorfRead	读取所有已连接的路径修正生成器的总修正值

注：这些功能需要选项“Path offset or RobotWara-Arc sensor”配合。

8．路径记录功能

指　令	说　明
PathRecStart	开始记录机器人的路径
PathRecStop	停止记录机器人的路径
PathRecMoveBwd	机器人根据记录的路径做后退运动
PathRecMoveFwd	机器人运动到执行 PathRecMoveFwd 这个指令的位置上
PathRecValidBwd	检查是否激活路径记录和是否有可后退的路径
PathRecValidFwd	检查是否有可向前的记录路径

注：这些功能需要选项“Path recovery”配合。

9．输送链跟踪功能

指　令	说　明
WaitWObj	等待输送链上的工件坐标
DropWObj	放弃输送链上的工件坐标

注：这些功能需要选项“Conveyor tracking”配合。

10．传感器同步功能

指　令	说　明
WaitSensor	将一个在开始窗口的对象与传感器设备并联起来
SyncToSensor	开始/停止机器人与传感器设备的运动同步
DropSensor	断开当前对象的连接

注：这些功能需要选项“Sensor synchronization”配合。

11．有效载荷与碰撞检测

指　令	说　明
MotlonSup	激活/关闭运动监控
LoadId	工具或有效载荷的识别
ManLoadId	外轴有效载荷的识别

注：这些功能需要选项“Collision detection”配合。

12．关于位置的功能

指　令	说　明
Offs	对机器人位置进行偏移
RelTool	对工具的位程和姿态进行偏移
CalcRobT	从 jointtarget 计算出 robtarget
CPos	读取机器人当前的 *X*、*Y*、*Z* 值

续表

指　令	说　明
CRobT	读取机器人当前的 robtarget
CJointT	读取机器人当前的关节轴角度
ReadMotor	读取轴电动机当前的角度
CTool	读取工具坐标当前的数据
CWObj	读取工件坐标当前的数据
MirPos	镜像一个位置
CalcJointT	从 robtarget 计算出 jointtarget
Distance	计算两个位置的距离
PFRestart	当路径因电源关闭而中断的时候进行检查
CSpeedOverride	读取当前使用的速度倍率

五、输入/输出信号处理

机器人可以在程序中对输入/输出信号进行读取与赋值，以实现程序控制的需要。

1. 对输入/输出信号的值进行设定

指　令	说　明
InvertDO	对一个数字输出信号的值置反
PulseDO	数字输出信号进行脉冲输出
Reset	将数字输出信号置为 0
Set	将数字输出信号置为 1
SetAO	设定模拟输出信号的值
SetDO	设定数字输出信号的值
SetGO	设定组输出信号的值

2. 读取输入/输出信号值

指　令	说　明
AOutput	读取模拟输出信号的当前值
DOutput	读取数字输出信号的当前值
GOutput	读取组输出信号的当前值
TestDI	检查一个数字输入信号已置 1
ValidIO	检查 I/O 信号是否有效
WaitDI	等待一个数字输入信号的指定状态
WaitDO	等待一个数字输出信号的指定状态
WaitGI	等待一个组输入信号的指定值
WaitGO	等待一个组输出信号的指定值
WaitAI	等待一个模拟输入信号的指定值
WaitAO	等待一个模拟输出信号的指定值

3. I/O 模块的控制

指　令	说　明
IODisable	关闭一个 I/O 模块
IOEnable	开启一个 I/O 模块

六、通信功能

1. 示教器上人机界面的功能

指　　令	说　　明
IPErase	清屏
TPWrite	在示教器操作界面写信息
ErrWrite	在示教器事件日记中写报警信息并储存
TPReadFK	互动的功能键操作
TPReadNum	互动的数字键盘操作
TPShow	通过 RAPID 程序打开指定的窗口

2. 通过串口进行读写

指　　令	说　　明
Open	打开串口
Write	对串口进行写文本操作
Close	关闭串口
WriteBin	写一个二进制数的操作
WriteAnyBin	写任意二进制数的操作
WriteStrBin	写字符的操作
Rewind	设定文件开始的位置
ClearIOBuff	清空串口的输入缓冲
ReadAnyBin	从串口读取任意的二进制数
ReadNum	读取数字量
ReadStr	读取字符串
ReadBin	从二进制串口读取数据
ReadStrBin	从二进制串口读取字符串

3. Sockets 通信

指　　令	说　　明
SocketCreate	创建新的 Socket
SocketConnect	连接远程计算机
SocketSend	发送数据到远程计算机
SocketReceive	从远程计算机接收数据
SocketClose	关闭 Socket
SocketGetStatus	获取当前 Socket 状态

七、中断程序

1. 中断设定

指　　令	说　　明
CONNECT	连接一个中断符号到中断程序
ISignalDI	使用一个数字输入信号触发中断
ISignalDO	使用一个数字输出信号触发中断
ISignalGI	使用一组输入信号触发中断

续表

指　　令	说　　明
ISignalGO	使用一组输出信号触发中断
ISignalAI	使用一个模拟输入信号触发中断
ISignalAO	使用一个模拟输出信号触发中断
ITimer	计时中断
TriggInt	在一个指定的位置触发中断
IPers	使用一个可变量触发中断
IError	当一个错误发生时触发中断
IDelete	取消中断

2. 中断控制

指　　令	说　　明
ISleep	关闭一个中断
IWatch	激活一个中断
IDisable	关闭所有中断
IEnable	激活所有中断

八、系统相关的指令

1. 时间控制

指　　令	说　　明
ClkReset	计时器复位
ClkStrart	计时器开始计时
ClkStop	计时器停止计时
ClkRead	读取计时器数值
CDate	读取当前日期
CTime	读取当前时间
GetTime	读取当前时间为数字型数据

九、数学运算

1. 简单计算

指　　令	说　　明
Clear	清空数值
Add	加或减操作
Incr	加 1 操作
Decr	减 1 操作

2. 算术功能

指　　令	说　　明
Abs	取绝对值
Round	四舍五入
Trunc	舍位操作
Sqrt	计算二次根

续表

指　令	说　明
Exp	计算指数值 e^x
Pow	计算幂指数值
ACos	计算圆弧余弦值
ASin	计算圆弧正弦值
ATan	计算圆弧正切值[-90，90]
ATan2	计算圆弧正切值[-180，180]
Cos	计算余弦值
Sin	计算正弦值
Tan	计算正切值
EulerZYX	从姿态计算欧拉角
OrientZYX	从欧拉角计算姿态

举报电话：（010）88254396；（010）88258888

传　　真：（010）88254397

E-mail:　　dbqq@phei.com.cn

通信地址：北京市万寿路 173 信箱

　　　　　电子工业出版社总编办公室

邮　　编：100036

职业教育工业机器人应用与维护专业系列教材

- 机械设备装调与维护
- 机电设备安装与调试
- 液压与气动系统安装与调试
- 机器人工装夹具设计与应用
- 工业机器人入门
- 工业机器人技术基础
- 工业机器人编程与操作
- 工业机器人典型应用
- 工业机器人工作站系统集成技术
- 焊接机器人应用技术
- 工业机器人离线仿真
- 工业机器人视觉应用
- 工业机器人工程项目设计与应用

ISBN 978-7-121-32265-5

定价：28.00 元

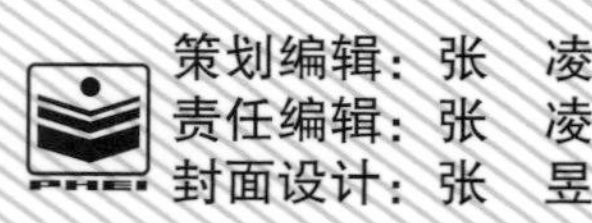

策划编辑：张　凌
责任编辑：张　凌
封面设计：张　昱

微信小程序

开发与运营

/ 朱继宏 / 主编